U0004599

箱龜

北美箱龜與亞洲箱龜的完全照護指南！

苔絲・庫克（Tess Cook）◎著

李亞男◎譯

晨星出版

目錄

前言

人們經常會觀察到緩慢行動的陸龜和隱密行動的海龜，這些無害的生物成了早期人類口語傳說和精神象徵的一部分，同時也是人類飲食的一環。烏龜成為北美原住民創始神話的代表，許多人使用烏龜的殼作為儀式道具，由早期的馬雅人在烏爾馬斯古城所建造的烏龜神殿，就以眾多栩栩如生的箱龜殼石雕作為裝飾。

烏龜在東方文化有著類似的影響力，印度教中，保護神毗濕奴的其中之一化身就是取自名為 Kurma 的巨龜，將眾神自擁有邪惡力量的妖怪手中拯救出來。日本、中國以及其他亞洲文化將烏龜視為擁有長壽和好運的代表，同時烏龜在非洲及歐洲的許多民間故事中也被當成是冷靜、智慧和高貴的象徵，難怪箱龜持續為現今的人們所著迷。

本書概述

本書為美洲箱龜和亞洲箱龜的實用飼育指南，這些箱龜存活於多樣化的自然環境；本書將對於普及化的飼養品種探討其飼養環境、攝食和繁殖方法。箱龜在自然界成長茁壯，因此我們將會收集牠們如何在野外生存的相關資訊，大自然歷史將有助於我們了解箱龜的居住環境和攝食需求，我將逐步呈現如何簡化飼育你家箱龜，卻又能使牠們健康且幸福的方法。

認識箱龜可以激發你對牠們在野外長期存活的興趣。箱龜在其自然環境中遭受許多不利生存的影響，亞洲烏龜在成為料理食材和寵物市場的成品下數量大幅縮減，人類橫行的魔爪摧毀了許多龜類的生存空間，迫使牠們從此更接近農田和住家，而成為機具和汽車下的亡魂。土壤和水源的污染讓爬蟲類和兩棲類喪失了生存環境，全球暖化也對需要冬眠的龜類帶來不小的影響，暖冬的高溫迫使牠們耗盡所有保存的能量，此書將帶領你正視致力於箱龜和其他龜類品種的保育和教育組織，本書同時也會在此列舉所有的箱龜自然史。

箱龜或是陸龜？

箱龜是否等同於陸龜？歐洲人經常把箱龜視為「箱陸龜」。「陸龜」這個詞的定義通常是指牠為陸生，且除了喝水之外鮮少進入水中，美洲箱龜和亞洲箱龜則是需要長時間待在水中——一些亞洲箱龜甚至是水棲！嚴格上來說，所有的陸龜被歸類為陸龜科，而美洲箱龜和亞洲箱龜則分別被歸為澤龜科和地龜科。

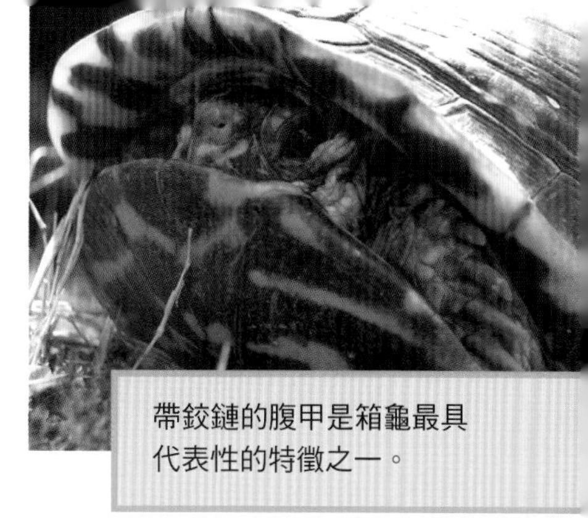
帶鉸鏈的腹甲是箱龜最具代表性的特徵之一。

我對於箱龜的興趣起始於多年前的一份禮物：一隻虛弱的三趾箱龜（*Terrapene carolina triunguis*）。在當時最受歡迎的電影外星人上映之後，我將牠取名為ET（外星人），這名字很貼切，因為牠對於我而言的確像個外星生物。我之前從未養過箱龜，雖然在1960年代，當我還是個小孩子的時候，曾經熱衷於廉價商店裡的紅耳龜（*Trachemys scripta elegans*），我還記得當時發現我心愛的小龜，用牠那雙死氣沉沉卻充滿怨懟的眼睛一動也不動地看著我時，心中所升起的恐懼感，這使我下定決心不會讓這種事在ET身上重演，我開始廣泛涉獵有關箱龜的各種資訊。當我從獸醫、爬蟲類動物的書籍、雜誌、和箱龜社團的通訊、網路社群，以及其他的箱龜飼主那裡獲取大量相關知識之後，我對箱龜的喜愛和關注更加與日俱增。我對於箱龜復健、人工飼養管理，以及繁殖三趾箱龜和錦箱龜（*Terrapene ornata ornata*）、東部箱龜（*Terrapene carolina carolina*）上所做的研究和經驗，是這本箱龜照護書的寫作基礎。

最後，我希望本書能透過對箱龜生活的觀察來激起大家對自然界的熱情與好奇。我也希望這些獨特的小生物都能活的長久和幸福，而牠們的飼主也能積極參與保育工作。

致謝

許多北美箱龜屬（*Terrapene*）和亞洲箱龜屬（*Cuora*）的長期飼養者及研究員，在資訊和深入探索方面給予我的協助。我收到來自珊蒂和科林・巴奈特、詹姆斯・伯斯克、雷蒙・費瑞爾、海瑟・凱爾、馬蒂・拉・伯里斯、瑪莎・安的大力幫忙，以及其他人為本書提供的專業知識及照片。特別感激克里斯・塔巴克和雪莉・泰勒兩位獸醫在生理方面提供的最新資訊和協助。感謝瑪麗・哈伯森所提供的亞洲箱龜資訊和攝食的貢獻，以及寶拉・莫里斯和派特・奧斯朋校閱手稿的大力幫忙。我要特別感謝我先生杰夫的支持和建議。最後，特別感謝編輯湯姆・馬索林格給我這個機會去完成這部作為爬蟲類保育系列大全之一的箱龜書。

第一章

箱龜生物學

我們現今對於當代箱龜品種和牠們長期進化史的了解，是來自於持續至今的長期研究，針對現存龜類的田野調查與 DNA 研究，以及化石殘骸的記載，都揭露了大量有關牠們的分布、古生物學和遺傳學。許多的科學文獻已經出版，箱龜捍衛人士都希望能夠閱讀這些先行者和當代研究學者的作品，像是韋伯·W·麥爾斯提、路西奧·史提克、H·A·阿拉德、約翰·烈格勒、查爾斯·W、伊莉莎白·R·舒華滋、和 C·肯尼斯·杜德二世等。

現代烏龜的祖先自三疊紀開始作為地球上的動物群成員之一，至今約有 2.1 億年。在遠古時期的地球，大陸板塊還未分裂，統稱為盤古大陸，那時的龜類（烏龜與陸龜，名字來自於牠們的生物分類，龜鱉目），是在這塊大陸的北半區發展演化，龜鱉目是現今最古老的動物之一；與牠們的爬蟲類表親鱷魚和鱷蜥，一起度過恐龍時期而繼續存活下來。在今日約有兩百九十餘種的澤龜、陸龜及海龜品種。

品種

了解你所飼養的烏龜的自然史有助於你做出最佳的照料，接下來所介紹的北美和亞洲箱龜品種，將會帶你一探牠們的習性和生態棲息地，經由深入閱讀、探求和個人經驗從而學習到更多。

北美箱龜

北美箱龜屬於澤龜科，這龐大的家族中也包括美洲、北非和一部分歐洲以及亞洲的澤龜和半澤龜。美洲箱龜與其他龜類區別開來，為北美箱龜屬（*Terrapene*）。北美箱龜屬的四個品種包括卡羅萊納箱龜（*T. carolina*）、錦箱龜（*T. ornata*）、斑點箱龜（*T. nelsoni*）和沼澤箱龜（*T. coahuila*），其中斑點箱龜和沼澤箱龜鮮少出現於寵物市場。

卡羅萊納箱龜包括六個亞種，包括東部箱龜（*T. c. carolina*）、三趾箱龜（*T. c. triunguis*）、灣岸箱龜（*T. c. major*）和佛羅里達箱龜（*T. c. bauri*），另外兩個則是較少被視為寵物的墨西哥箱龜（*T. c. mexicana*） 和猶加敦箱龜（*T. c. yucatana*）。錦箱龜的兩個亞種則是西部箱龜（*T. o. ornata*）和沙漠箱龜（*T. o. luteola*），這兩個亞種與東部箱龜、三趾箱龜、灣岸箱龜及佛羅里達箱龜，為寵物市場上最常見到的美洲箱龜，牠們各自具有獨特的外觀，但分布區域有數種交互重疊，品種之間交配的情形很常見，雜交後代特別難以辨認。

卡羅萊納箱龜（*Terrapene Carolina*），常見於寵物市場，一般棲息在潮濕的落葉林，其他棲息地則近臨樹木和水邊，林地是牠們的家，供應了牠們的食物來源、安居的窩穴和冬眠的場所。牠們皆為隨機性雜食動物，以位於地面或觸手可及的東西為食，這些食物隨著季節變換，包括蚯蚓、蝸牛、蛞蝓、小型兩棲類、腐肉、莓果、掉落的水果、菌類、植物、囓齒動物、魚類，甚至是地巢性雛鳥。田野調查顯示，某些植物種子在通過烏龜的消化道之後會有較高的萌芽率——因此箱龜在林地生態系統的種子傳播上可能扮演了重要的角色。在炎熱、乾涸的夏季，這些烏龜選擇夏眠，或是變得不活躍，藉由躲藏在枯枝層下等待潮濕季歸來，牠們在冬天選擇冬眠（佛羅里達箱龜全年保持活躍）。所有的箱龜皆是日行性，當黃昏來臨時，牠們會回到位於樹根、岩石，或是低矮灌木叢底下的安全住所。

東部箱龜居住在潮濕的林地，捕食所有可見的動植物。

東部箱龜（*T. c. carolina*），最常見的箱龜，為中等體型，身長約6至7英吋（15.2至17.8公分）。牠有著高聳堅挺的背甲，深棕色的背甲互鑲著不同大小形狀的黃、橙、紅色斑點，形成相當吸引人的圖紋。牠有著堅硬的龍骨，整個腹甲為黑色或為黃褐色帶有深色區塊。成年雄龜的頭部和頸部為鮮豔的紅、橙、黃色鑲嵌著外顯的黑白印記，多數品種的前腳鱗片為彩色，雄龜的腹甲一般呈凹狀以利於交配，雄龜的虹膜為紅色，而雌龜為棕色，牠們的前腳為五趾，而後腳為四趾。東部箱龜為陸生和雜食性，從緬因州和新罕布夏州的沿海，到往南至喬治亞以及往西最遠至密西根、伊利諾、肯塔基和田納西，皆可見到牠們的足跡。

三趾箱龜（*T. c. triunguis*），身長4至6英吋（10.2至15.2公分）。比起東部箱龜，牠高聳堅硬的背甲通常顯得更為狹長，外殼有可能是橄欖綠、棕褐色或是土黃色，且可能伴隨著黃色或褐色的細長線條、波紋和斑

學名

你或許已經注意到在一般動物名稱旁邊連接出現的斜體字，
這些斜體字是動物的學名，每個動物應該只會有一個正確的學名（雖然關於正確的學名這點可能有許多爭議，特別是自從分類名稱經由各路權威人士不時的更改），生物學家決定每種動物的學名要以與其他動物或是與其相關之動物為基礎。大部分的學名分為兩個部分，名字的第一個部分（屬名）說明此動物屬於哪一個分類屬名，第二個部分（種小名）給予物種名稱。屬名和種名的組合對每種動物皆為獨一無二，學名能讓全世界的科學家與動物愛好者談論每種動物，而不用擔心語言障礙或是想討論的動物出現名稱混淆的現象。
學名在第一次使用過後通常會縮寫，屬名通常縮寫為第一個字母，因此，在介紹完某一個箱龜品種之後，如 *Terrapene Carolina*，再次提及時就可以縮寫成 *T*．*Carolina*。如果作者談到這個屬名下的所有品種，就可以使用屬名 *Terrapene* 而不用附上種小名。某些動物會有第三個名稱，表示牠們為亞種，亞種不同形式的描述名稱也涵蓋在種名當中，例如三趾箱龜，學名為 *Terrapene carolina triunguis*，可以縮寫成 *T*．*c*．*triunguis*。

點。腹甲為堅硬的土黃色，但在腹甲邊緣可能顏色被磨合得更深一些。皮膚為深棕色，頭、頸、腳皆伴有橙色和黃色的鱗片。成年雄龜有著紅色或粉色的眼睛，以及少見的凹陷腹甲，雌龜的眼睛則為棕色。這些箱龜的後腳通常只有三趾，但是出現四趾也並非不常見。牠們的分布很廣，自西喬治亞到往西進入阿拉巴馬、路易斯安那和德克薩斯西北部，朝北則進入阿肯薩、密蘇里，以及一部分的堪薩斯皆可尋覓其蹤跡。

三趾箱龜有著高聳的背甲，顏色為素色或亮色。

灣岸箱龜（*T. c. major*），是最大型的美洲箱龜，身長 8.5 英吋（21.6 公分）。高聳硬挺的背甲在其尾部更為寬大，其顏色更加豐富變化；背甲有可能是整片的深綠色、深褐色，或是黑色搭配上黃橙色斑紋。許多品種的後方緣盾向外展開，或許這有助於牠們來往沼澤地。牠們也是出色的攀爬者。腹甲一般沒有任何標記，但是可能會有深色斑點。皮膚為淺棕或深棕色，雄龜有著色彩繽粉的頸部和前腳。頭部的顏色隨著年紀漸長有可能褪色成白色。雌龜有著棕色的虹膜；雄龜則不是棕色就是紅色。後腳一般有三趾或四趾。灣岸箱龜經常出現在德克薩斯、路易斯安那、阿拉巴馬和西佛羅里達的沿岸區。

佛羅里達箱龜（*T. c. bauri*），為較小型的箱龜品種，身長 5 至 5.5 英吋（12.7 至 14 公分）。牠們的背甲狹長、高聳堅硬，且具有龍骨。背甲為深棕色或黑色，並且在每個盾板上帶有十分吸引人的黃色放射狀細紋星爆圖案。腹甲是土黃色帶有棕色細紋。通常頭部的每一側都各自有兩道粗黃色條紋穿過眼角一直延伸至頸部的下方。雄龜和雌龜皆為棕色

灣岸箱龜為北美箱龜屬中體型最大的箱龜，身長8.5英吋（21.6公分）。

的虹膜。後腳有可能為三趾或四趾。牠們經常出現在佛羅里達半島、一部分的佛羅里達礁群島，以及最遠可達喬治亞東南部。

猶加敦箱龜（*T. c. Yucatana*），屬於中等身型，身長 5.5 至 7 英吋（14 至 17.8 公分）。背甲長而高聳；類似於佛羅里達箱龜的背甲外型。背甲的顏色多變，但主要為棕褐色和土黃色，盾板邊緣經常佈滿四散的斑點和深色標記。通常在其第三個椎盾上會有一小節駝峰。雌龜的皮膚呈褐色，有時在其頭部和腿部會同時有深色斑紋和淺色斑點。成年雄龜的頭部體型較大，伴隨著藍白色紋一直延伸至頸部下方。牠們為陸生，且棲息於墨西哥的坎佩切、猶加敦，以及猶加敦半島北部的金塔納羅奧州的熱帶灌木林。

墨西哥箱龜（*T. c. mexicana*），為大型箱龜，身長7.5英吋（19公分）。外觀近似猶加敦箱龜，包括第三個椎盾上也有一小節駝峰。成年雄龜通常有著涵藍色區塊的大型黃色頭部，形成引人注目的外觀。後腳通常有三趾。關於這個亞種的自然史較少為人所知。牠們為陸生，且主要分布於墨西哥境內的塔毛利帕斯、聖路易波多西及維拉克魯茲的部分林地。

斑點箱龜（*Terrapene nelsoni*），有兩個亞種，兩者皆被稱為斑點箱龜，為中等體型箱龜，身長 5.5 至 6 英吋（14 至 15.2 公分）。背甲、頭部和前肢皆帶有許多黃色斑點（特別是在雌龜身上），故以此命名。然而，這個特徵卻是變化多端，雄龜身上通常沒有斑點。雄龜通常有著較大的頭部，褐色的眼睛，前肢有著粗大的球根狀麟片——為此種箱龜最獨特的特徵。和錦箱龜一樣，雄龜第一個後趾有著鉤爪能夠向前轉動。斑點箱龜僅出沒於墨西哥西部的索諾拉、錫那羅亞、奇瓦瓦、納亞里特和哈利斯科的部分高地。斑點箱龜的兩個亞種分別為 *T. n. nelsoni* 和 *T. n. klauberi*。此兩種在自然生態上皆鮮少為人所知，不論這兩個亞種是否已經被各自區分，牠們始終被視為斑點箱龜。

佛羅里達箱龜和錦箱龜有著類似的印記，唯一的區別是前者眼睛後方的黃色條紋。

沼澤箱龜（*Terrapene coahuila*），身長 6 至 7 英吋（15.2 至 17.8 公分）。背甲狹長，顏色為深灰或深棕色。生長環可見或不可見。雄龜的虹膜為棕色，而雌龜為典型的淺灰色。牠屬於唯一的水棲型美洲箱龜；牠棲息於墨西哥境內有著沙漠溫泉生態系統的夸特羅謝內加斯的一小部分區域。由於當地農業的實行使其棲息地喪失，最終可能導致數量減少。

錦箱龜（*Terrapene ornata*），錦箱龜的兩個亞種棲息於草原、非農業區和沙漠灌木叢。西部箱龜（*T. o. ornata*）為指名亞種（nominate subspecies），且通常被稱為錦箱龜，其可能是與北美大草原的食草動物共同發展而來。兩個亞種的錦箱龜皆擁有強而有力的

猶加敦箱龜只居住在猶加敦半島北部，很少在寵物市場中見到。

墨西哥箱龜為一較少人知道的亞種箱龜，出現在墨西哥東北部。

前腳和腳爪，可以熟練地翻扯糞肥堆，搜尋隱藏在裡頭的糞金龜、蠐螬和蒼蠅，此外牠們也精於捕捉蚱蜢和蝗蟲。沙漠箱龜（*T. ornata luteola*）則是利用潮濕的微棲地，居住在半乾燥草原區的茂密植被下或是地穴之中。日正當中時，沙漠箱龜會躲進這些氣溫和濕度仍舊維持舒適的避難所。錦箱龜和沙漠箱龜皆為雜食性，兩者的主食來源為昆蟲，但牠們也吃腐肉、樹葉、莓果、仙人掌（*Opuntia*）的葉枕（pad）和水果。

西部箱龜（*T. o. ornata*），為小型箱龜，身長 4 至 5 英吋（10.2 至 12.7 公分）。牠的背甲比起其他常見的箱龜來得圓滑。即使背上有一條常見的黃色中線，牠並沒有中央隆起的龍骨。背甲為深棕色或黑色，每一塊盾板有著五至七道放射狀的淺黃色線條，形成美麗的星爆圖案。腹甲為深棕色伴隨著像是斑馬條紋圖案般的粗黃色線條。皮膚為灰色且夾雜著深灰、黃色或白色斑紋。前肢有著黃色或紅色鱗片。雌龜的頭部為棕色帶有白色或黃色斑點。兩性之間有著顏色差異，成年雄龜的頭頂為近似綠色或藍色，且其有著亮紅色眼睛。雄龜後腳的第一根腳趾厚實且平滑，有助於在交配時能向雌龜的體內移動將其鉤緊抓牢。錦箱龜分布眾廣，在威斯康辛、印第安納、伊利諾州的殘餘草原和北美大平原；往南至路易斯安那西部，最遠可達德克薩斯，往西至洛磯山脈的東部邊境，往北最遠達懷俄明南部皆可發現牠們的足跡。

沙漠箱龜（*T. o. luteola*），外觀和西部箱龜相似，但整體而言顏色顯得更黃一些。有兩種不同的色型或色相：圖紋型和非圖紋型。牠們

鮮為人知的斑點箱龜，這隻是在墨西哥的索諾拉拍攝到的。

鮮少同時呈現，導致對於這個亞種產生許多的疑惑。圖紋型態的箱龜有著棕至灰白色的背甲，且在每個盾板上有著大量的細黃色條紋，特別是在第二節胸盾（pleural scute）上。腹甲上的圖紋通常和西部箱龜類似，但顏色更黃一些。非圖紋型態的沙漠箱龜較不常見，外型為麥稈色、淺棕色，或是帶點淺條紋或看不出條紋痕跡的綠色。沙漠箱龜的活動時間僅限於夏天的雨季月份或是高濕度時期。牠們的活動範圍涵蓋德克薩斯西部、新墨西哥州和亞利桑那州的一部分，以及往南進入墨西哥境內的索諾拉和奇瓦瓦。

亞洲箱龜

亞洲箱龜隸屬於地龜科；牠們有時被認為是古世界澤龜。這支龐大家族包含亞洲、印度、歐洲、非洲和南美的澤龜和半澤龜。然而，箱龜屬全部來自亞洲大陸和鄰近的群島。目前在箱龜屬上有許多的科學研究工作已完成。從數據上得出了許多新的品種、亞種，甚至是新的屬。任何有關於此族群分類學的討論，在幾年之後都將可能過時，但是對於這些烏龜的描述和照護將會持續被應用。

沼澤箱龜是北美箱龜中唯一的水棲類箱龜。牠的活動範圍只在墨西哥境內的夸特羅謝內加斯的沙漠溫泉一小部分區域。

烏龜的圓環

生長環較為人所知的說法是生長輪（growth rings）。它是指會出現在甲殼上可見的圈形圖案。當箱龜開始長大，甲殼上的鱗片會藉由褪下新的角蛋白來增長。這些增長的鱗片總數會增加箱龜的大小。和樹木的年輪不同，箱龜的生長輪不代表一年。生長輪反映生長的活動期，有可能完全沒有或甚至是一年出現數個。

這類烏龜的品種普遍被稱作「亞洲箱龜」，分布於多樣化的生態環境。只有一種，馬來箱龜（*C. amboinensis*），又名安汶箱龜或東南亞箱龜，是完全居住在熱帶區。其他品種的活動範圍則從熱帶、亞熱帶，一直到溫帶區。馬來箱龜在寵物市場上是最為常見的亞洲品種，還有數個亞種經常以其他不同名稱進行銷售。另一個常見的亞洲品種為黃緣箱龜（*C. flavomarginata*），現今已在歐洲和美國進行人工繁殖。較不流行的寵物品種包括花背箱龜（*C. galbinifrons*）、中國三線箱龜（*C. trifasciata*）和鋸緣攝龜（*C. mouhotii*）。其他的閉殼龜屬（*Cuora*）包括金頭閉殼龜（*C. aurocapitata*）、百色閉殼龜（*C. mccordi*）、潘式閉殼龜（*C. pani*）、瓊崖閉殼龜（*C. serrata*）、雲南閉殼龜（*C. yunnanensis*）和周式閉殼龜（*C. zhoui*），這些品種較少在寵物市場上出現，且為動物學上的收集和配種所渴求，雲南閉殼龜現今極度稀少並且近乎絕種。

研究人員從二十世紀初開始研究這些品種當中的自然史，然而我們仍然有許多知識需要學習。田野調查讓我們了解到數種箱龜的攝食和棲息地偏好。當所有的品種都看起來像是隨機食者，攝食的多樣化可以從大多數草食性的馬來箱龜和鋸緣攝龜，到高度肉食性的中國三線箱龜，再到雜食性的花背箱龜和黃緣箱龜。一些為水棲，而其他的為陸棲。因此，去深入了解你四周特有的亞洲箱龜品種是非常重要的事，並且確保牠們不會被誤認。

閉殼龜屬（*Cuora*）品種

馬來箱龜（*C. amboinensis*），為大型烏龜，身長 8 至 10 英吋（20.3 至 25.4 公分）。背甲高聳堅挺，顏色範圍從深橄欖色到棕色。腹甲呈現多樣化，彼此皆不相同，顏色從深黑色到土黃色，並且在每個盾板上帶有小片深色斑點。頭部有三道黃色線條，一道位於眼睛上方從鼻子開始，另外兩道則從下顎開始。三道黃線一直延伸至頸部後方。下巴和脖子的膚色為黃色，而四肢的顏色較為更深一些。眼睛有著切口瞳孔。為草食性品種，攝食偏好水生植物。此種箱龜為熱帶和半水生品種，四肢皆為完整的蹼腳；牠棲息在池塘、沼澤和稻田之中。分布範圍大到超過一千英哩，從沿著尼科巴群島（印度東南方）的熱帶雨林，經由東南亞到達菲律賓，和一部分的馬來群島及蘇拉威島（前身為西里伯斯島）。牠們有四個已確認的亞種：*C. a. amboinen-*

分辨錦箱龜的兩個亞種的最簡單方法就是甲殼上的圖案。西部箱龜（圖上）的鱗片上有幾道粗黃色線條，而沙漠箱龜（圖中）則是在鱗片上有許多細線條。也有一種沙漠箱龜是完全沒有圖案的（圖下）。

一缸不適合全部

關於亞洲箱龜有許多的疑惑。人們傾向於將牠們歸為同一類，但其實牠們有各自不同的需求。以下列舉牠們之間明顯的差異。

- 馬來箱龜（*C. amboinensis*）：熱帶、半水棲、草食為主。
- 中國三線箱龜（*C. trifasciata*）：溫帶、半水棲、肉食為主。
- 黃緣箱龜（ *C. flavomarginata*）：亞熱帶至溫帶、半陸棲、雜食。
- 花背箱龜（*C. galbinifrons*）：溫帶、陸棲、雜食。
- 鋸緣攝龜（*C. mouhotii*）：半熱帶、陸棲、草食為主。

sis、*C. a. cuoro*、*C. a. kamarona* 和 *C. a. lineata*。

中國三線箱龜（*C. trifasciata*），為大型烏龜，身長 8 英吋（20.3 公分）。背甲為深褐色且輕微地隆起。殼背上有三道縱向深色直條紋，一道為筆直滑向中央脊骨下方，另外兩道條紋則位於盾板兩側較不明顯的脊骨上。腹甲為深褐色或黑色，邊緣四周則為黃色。牠有另一個更為人知的名字——金錢龜，源自頭部頂端一大片金黃色或深綠色區塊。一道深色線條劃過臉部的一端，將眼睛後方的深綠色或金黃色區塊分隔開來。鼠蹊部和四肢及尾巴的下方皮膚為亮橘色。牠們為高度肉食性品種，昆蟲、魚類、青蛙、蝸牛和部分落果皆可下肚。這些半澤龜分布於香港、海南島、某些中國南方省份，以及往南到達越南北部的高地區內的清溪附近。

馬來箱龜的分布範圍十分廣大，包括亞洲東南部、菲律賓和蘇拉威西。

黃緣箱龜（*C. flavomarginata*），又名中國箱龜，為中型烏龜，身長 5 至 8 英吋

（12.7 至 20.3 公分）。屬狹長扁平型的深棕色背甲，在其每個盾板上有著淺褐色的中心圓。一條淺黃色或土黃色條紋滑向數個龍骨盾板的中心。通常甲背上會有一條中型龍骨，並且有時在胸盾上會有兩條以上不太明顯的龍骨。背甲盾板上會有立體狀生長環。腹甲為圍繞著黃色邊緣的深棕色或黑色——故以此名為「黃緣」。一道黃色條紋從眼睛後方延伸直至脖子下方。下顎底下和脖子的皮膚為淺粉色或橙色。四肢則為棕色。一些作者認為此類雜食性品種主要為陸棲，而想要將牠們囊括在 *Cistolemmys* 屬，但是這些箱龜也會進入水裡，並且在淺塘、高地溪流，以及樹木和灌木叢底下的陡峭山坡皆可發現牠們的蹤跡。牠們有三個亞種：*C. f. flavomarginata*、*C. f. evelynae* 和 *C. f. sinensis*。分布範圍從亞熱帶到溫帶，包括臺灣、中國東部和日本的琉球群島。

甲殼上的線條和頭部的淡黃色區塊，是用來區別中國三線箱龜與其他品種的特徵。

花背箱龜（*C. galbinifrons*），為大型烏龜，身長 7 至 8 英吋（17.8 至 20.3 公分）。高聳的背甲由許多的橫槓、線條以及斑點記號組合而成。甲殼的基色為有圖紋的深色，並且在椎盾和胸盾上有著淺色區塊。通常沿著背甲中段可以看見

黃緣箱龜的分布範圍從亞熱帶到溫帶都有，包括中國、台灣和琉球群島。

花背箱龜分布在越南和中國南方的高地，是亞洲箱龜中最具陸棲性的箱龜。

一條土黃色條紋。每一塊甲殼都非常獨特且美麗，展現出大自然的多變。腹甲有可能大部分為土黃色，或者一部分土黃色再配上每塊盾板中的深色區塊。成年龜的頭部顏色明亮，且會帶有棕或灰色的斑點或條紋和鮮紅色的頸部。皮膚為棕色或黑灰色。牠的三個亞種分別為：*C. g. galbinifrons*、*C. g. picturata* 和 *C. g. bourreti*。三者皆為雜食性，也為最偏向陸棲的品種之一；牠們通常棲息於涼爽、灌木叢生的混合林。分布範圍集中在中國南方和越南北部的高地。有些作者希望將此品種納入 *Cistolemmys* 屬。

鋸緣攝龜（*C. mouhotii*），又名越南箱龜，身長 6 至 7 英吋（15.2 至 17.8 公分）。背甲厚高但頂端平坦。牠有個突出的中央龍骨和兩側龍骨。背甲為土黃色帶有深褐色陰影。腹甲為黃色或土黃色，盾板的四周存在時有時無的深色區塊。後方緣盾呈現明顯的鋸齒狀——鉅緣攝龜由此得名。皮膚為棕色或灰色，且通常有

鋸緣攝龜的分布範圍從海南島和中國南方到印度東北方的阿薩姆。

著深色不規則美麗條紋。頭部的四周可能會有一或兩個亮點或是黑色邊紋。尾巴和大腿有著尖頭狀的結節。這些陸棲箱龜通常被發現躲藏在中海拔富含大量植被的山林裡。牠們雖偏草食性，但偶爾也喜好開葷。通常在中國海南島、中國部分南方、越南北部、泰國、緬甸（前身為布爾馬），以及印度東北方的阿薩姆皆可見到牠們的蹤跡。此品種被一些作者們相信歸類於 *Pyxidea* 屬。

箱龜解剖學

每隻箱龜在外觀和特性皆為獨一無二。即便是同一窩出生的，其從頭到腳的尺寸、形狀和顏色皆不盡相同。你能從這些各自不同的特徵去分辨出每一隻箱龜。然而，所有箱龜在基礎解剖學上有個共同點，即為帶鉸鏈的腹甲。

甲殼

箱龜的獨特甲殼是其整體解剖學上極為有趣的特點之一。堅硬的甲殼內部為包裹著三心室的柔軟體腔組織。甲殼其實是由肋骨的擴張融合所進化成型，覆蓋上多色的角蛋白組織，我們稱之為盾板。我們肉眼所能見的就是盾板，雖然骨殼有時會因為疾病或傷口而暴露在外。角蛋白是一種纖維蛋白，亦即人類頭髮和指甲的主要構成物質。烏龜的喙、鱗片和腳爪也是由角蛋白所組成。箱龜的背甲是直接和腹甲相連結。其他龜類則是通過被稱之為甲橋（bridge）的組織結構來連接甲殼的上下部。

幼龜的角蛋白質層與底層生長骨骼保持同步成長，並藉此在盾板邊緣增加新的角蛋白生長輪。烏龜就是用此種方式生長，就如同吹氣球般「膨脹」。對於正常的甲殼發育而言，骨骼和角蛋白盾板之間的均衡成長非常重要。不合宜的飲食和營養不良會引起成長失衡導致畸形甲殼。

鉸鏈 成體和亞成體箱龜的腹甲有著可移動式的鉸鏈。內部的強壯肌肉被用來牽引腹甲往背甲靠近。箱龜的鉸鏈由結實柔韌的軟骨組成，並在介於腹甲盾板和背甲盾板之間的縫隙內生長。在幼龜期並未發展出鉸鏈，需要花上數年時間來發育成型。

循環和呼吸系統

烏龜的肺部較大，位於背甲正下方。由於沒有橫隔膜，主要是由體內其他器官來推動肺部的收縮和擴張。三室心臟中有個局部壁膜稱作不完全中隔，用來幫助維持缺氧血和充氧血的混合。雖然無法達到像四室心臟能夠將兩種血液進行分離般的高效能，但這對不常進行需要高耗氧量活動的龜類來說已經綽綽有餘。此外，烏龜的大腦比起哺乳動物的大腦有著更長時間的缺氧承受力。

雌雄差異

乍看之下，雄龜和雌龜有許多結構相似之處不易分辨。年幼的箱龜在背甲成長到 3 至 3.5 英吋（7.6 至 8.9 公分）之前也很難區分性別。以下利用數種性向特徵來幫助你做出決斷，但也會出現一些讓人隱晦難辨的情況。

大多數美洲品種的成年雄龜有著亮紅或粉紅色的眼睛，反之雌龜則為棕色或暗寶石紅色。成年的雄性錦箱龜有著淺綠色或逐漸消褪的淺黃色頭部，而雌龜的頭部則一直保持深棕色。東部箱龜的成年雄體，其腹甲有凹槽以促進交配。牠們的後腿結實強壯還帶有寬大的腳爪，反之雌龜的則是較為纖細和小巧。兩者的尾巴大小也不相同。雄龜的尾巴既粗且長，其肛門（泄殖腔）位於甲殼最後方邊緣。這項構造能使雄龜在交配時讓彼此的生殖器更為貼近。雌龜的尾巴則較短小，且肛門較靠近身體。

箱龜骨骼解剖圖

感官

箱龜有著高度發展的視覺和嗅覺。牠們尤其為黃色和紅色所吸引——這也就不奇怪為何你所認知的大多數龜類的頭部和頸部經常有紅色或黃色斑點，牠們很輕易地就能看見這些顏色。箱龜仰賴牠們的嗅覺來進食，當嗅覺受損時會造成進食問題。烏龜進食前會先把鼻子靠近食物聞一聞，用來檢查食物是否適合下肚。如果鼻子有鼻涕阻礙了嗅覺，那牠們幾乎不太可能被誘食。

龜類的聽覺很廣，音頻範圍可以從 100 赫茲到 700 赫茲，除了高頻和極低頻之外，牠們能比人類所能聽見的聲音多更多。此外牠們似乎能通過四肢和甲殼感知低頻震動，人類很難在其毫無察覺下靠近。因此人們很難在野外觀察到烏龜的行為動作。當我們注意到的時候，牠們已經

年齡決定神話

細數箱龜甲殼上的生長輪（環）並不是推算箱龜年紀的可靠方式。這些環形代表的是生長速率的變化而非經歷的時間。年輕箱龜的甲殼也可能在一年之內長出好幾個環形。某些寵物箱龜持續一整年的進食模式，也不一定就能增加一條新的生長輪。野生箱龜通常在十八至二十歲之後就不再長出全新可見的生長輪。實際上這些環會縮至甲殼內，並且隨著年紀逐漸磨損。

停止爬行、覓食，或是任何當下牠們正在做的事。箱龜沒有耳穴，但是牠們在頭部兩側各自有個叫做鼓膜鱗片的專用鱗片。此鱗片保護著中耳和內耳。中耳感染會導致鼓膜鱗片因乾酪性蓄膿而向外腫脹。

行動能力

箱龜是典型的爬蟲類步伐，採取前後腳來回交叉移動式行走。缺了一條腿的箱龜無法維持正常步態，但是依舊能勉強行走。斷腿下方的腹甲區域會因為磨損而變薄。箱龜的一隻腳可能會有三到四或是五根腳趾。其中一些，如三趾箱龜、佛羅里達箱龜和墨西哥箱龜的後肢會有三趾（有時四趾），而前腿肢則有五趾。其他品種的箱龜其後肢通常為四趾，而前肢則為五趾。箱龜有著強壯的腳爪，牠們會利用前腿挖穴過冬，雌龜則是利用後肢來挖洞產卵。

半澤箱龜擁有帶蹼的腳趾。大多數品種都會游泳，當中的某些箱龜似乎深喜此好。然而，陸棲箱龜容易疲累，特別是當牠們無法從深水池塘即時找到上岸口時，有時很可能溺斃。

箱龜是攀爬能手，以翻越圍欄、矮磚牆和灌木叢出名，經常令飼主們大吃一驚。許多寵物龜走失皆是由於其出色的攀爬能力。成年箱龜的速度十分驚人。雖然牠們看起來總是信步漫行，但是一隻東部箱龜在被激怒時的衝刺速度可以提高百分之七十二。而錦箱龜更是牠的三倍之多！

外溫性

對於養育箱龜的飼主而言，了解箱龜最重要的一項特徵即是牠們屬於外溫動物，或稱冷血動物。牠們無法經由代謝產生熱量。箱龜必須藉由接觸熱源或冷源來調節體溫。如果感覺寒冷想讓身子取暖，牠們會在戶外曬太陽或是移動至加熱燈下。反之牠們也會躲入樹蔭下、地洞中，或是泡進水池裡消暑降溫。

這些特性使得比起養育貓狗，照顧龜類要來得更為複雜一些。飼主必須提供一個有溫度梯度的居住環境，能夠讓箱龜在各個層面上自我調節維持正常功能：從行動能力到維持正常心跳，以及臟體器官高效運作。我們將在飼養環境的章節中討論如何建造一個溫度梯度。

箱龜的老化

箱龜通常要花上十年甚至更久的時間才能成年，而牠們能活上許多個數十年。有個飼主養了一隻超過五十年的三趾箱龜；還有其他存活超過百年的奇聞軼事！雖然箱龜的腦容量不大，但牠們似乎能夠學習並且保存記憶。牠們能夠記住最佳的冬眠地點、產卵點，尋找到果樹和葡萄藤蔓。研究顯示牠們並不會有年紀漸長就導致身體機能退化的困擾，而且似乎也不會變得衰弱。

第二章

養隻箱龜

許多人認為箱龜是種非常迷人的生物，但是作為寵物我們可能還未能全面了解牠們的需求。箱龜就如同其他的爬蟲類，作為寵物有很高的養護條件，牠們也不會像貓狗討主人歡心。基於長壽以及對飼主的高度依賴，我們在決定選購箱龜之前務必先深思熟慮。不過，有許多和我一樣的飼主，在飼養箱龜的過程中得到極大的滿足！本章將會呈現箱龜的多樣化面向以及獲得的方法，並且詳述其特徵來分辨牠們健康與否。

野外收集

不久之前，人們還有機會在森林拾獲北美箱龜。許多孩子們的一個夏令營慣例就是找到一隻烏龜並帶回家觀察數月。這些被帶回家的烏龜僅靠著萵苣和偶一為之的小蟲子過活，直到開學後被放生。但是隨著都市化、森林砍伐和過度收集的結果，許多箱龜的活動範圍變得愈來愈小，品種數量也開始愈來愈少。現今只有少數幾個州仍允許野外採集原生箱龜。但即便你的州准許合法採集，也請你別這麼做！為了品種的繁殖與增生，牠們應該要被留在原生地。箱龜的蛋和幼體死亡率極高——即便是從指定區移走少數的箱龜也會導致族群毀滅。

許多州也設有箱龜控管。舉例來說，我的州對所有的北美箱龜品種都制定採集許可，牠們被植入被動整合雷達（PIT）標記。了解自身所在的州法律並確實遵守。聯邦法禁止 4 英吋（10.2 公分）以下的箱龜交易和運送。因此，寵物店無法販售幼龜。

就在幾年前，成千上萬的野生北美箱龜被捕捉並賣至歐洲和亞洲的寵物市場。多數在運送過程中喪生，之後剩下的也在壓力相關疾病和不當照料下死去。幸虧在保育專家和寵物愛好者的努力下制止了這種令人汗顏的行為。一條有關野生動植物的國際條約，有效用於約束包括箱龜等許多瀕危物種的貿易。它被稱為瀕危野生動植物國際貿易公約（CITES），簡稱華盛頓公約。身為會員國之一的美國，於 1966 年將美洲箱龜列入 CITES 附錄二。根據此條約，若無特殊許可，不允許箱龜從美國進出口。所有的亞洲箱龜品種

許多州立法管制或禁止將箱龜帶離野外棲息地。（圖為東部箱龜）

五種保護野生箱龜的方式

即便我們無法對野生箱龜進行個人救助，我們也可以選擇勿助長惡行。請遵守下列五點建議，協助保護野生箱龜。

1. 不要購買寵物店的烏龜，牠們很可能是從野外捕捉的；大型、生殖年齡的箱龜通常會被納入野生捕捉的範疇。
2. 不要將箱龜帶離野外。
3. 不要打擾孵化中的箱龜。
4. 教育你的家人和朋友有關箱龜的困境。
5. 支持為保護箱龜和其生態環境努力的保育組織。

為了安全起見，協助箱龜過馬路。注意環境指標，將牠帶往正確的一邊，遠離馬路。請勿隨意把箱龜移往你認為更安全的地區。美國箱龜有自行返巢的本能，萬一離開棲息範圍也會自行試圖返回居住地。

也涵蓋在條約之內。因這些州法和聯邦法的管制，僅剩下少數購買和收集箱龜的管道。

如何獲得箱龜

美國某些州的寵物店仍被允許進行箱龜交易，但是你應該要小心這些箱龜的來源。大型、生殖年齡的成年箱龜幾乎都是來自野外捕捉。因為捕捉這些箱龜會加速野生數量的消耗，應該要求寵物店家只提供人工繁殖的箱龜給顧客。雖然價格上會較為昂貴，但是人工繁殖的動物更適合作為寵物飼養，並且普遍來說更為健康。

現存的烏龜飼主經常必須放棄他們的寵物，並且有時會將牠們安排收養。打電話給位於你所在的州的人道協會，要求被列入箱龜收養聯絡名單。另一個選擇則是加入爬蟲兩棲類或箱龜社團，這裡通常會有收容之家的實例樣品。這些社團通常也是獲得照顧箱龜第一手資訊的最佳場所。大多數在教育飼主與協助當地箱龜保育的工作上做得極為出色。私人的箱龜育種者會被登錄在爬蟲類期刊或網路上。

受傷的箱龜

如果你發現一隻受傷的箱龜，送去給獸醫照料是最佳選擇。將受傷的箱龜（使用厚毛巾裹住放在小盒子或桶子裡）儘快地送去給野生動物救助員。許多城市都設有野生動物救助中心。自家州的野生動物救助部門應該會登錄領有執照的合格救助員，或者你可以聯絡當地國家公園的服務中心詢問如何找到一位合格救助員。你的獸醫、爬蟲動物協會，以及動物救援中心都有可能協助你找到救助員。

健康的箱龜

雖然美洲箱龜一般而言更為常見，但是亞洲箱龜作為寵物更討人喜歡，讓人們心甘情願地提供舒適的環境和飲食。以下所列舉的特徵適用於所有的箱龜品種，善加利用能夠幫助你判斷出箱龜的身體狀況。

當你要收養箱龜時，你可能無法主動選擇你的新寵物。如果你願意且有能力付出心血治療，我衷心推薦收養一隻生病或是受傷的箱龜。生病的箱龜通常會給予簡單的 TLC 治療，但其中仍然有些需要專業獸醫照顧。請確保做好事前心理準備，並且利用下列這些注意事項作為依據。

1. 將箱龜放在手上。根據體型大小判斷，應為沉甸甸的手感。別像空盒子般感覺輕飄。有厭食症狀的箱龜需要讓獸醫立刻進行治療。同樣地，嚴重脫水也可能是造成箱龜體重過輕的原因之一。
2. 觀察背甲。檢查盾板是否有未癒合的裂痕或碎片。所有的美洲箱龜和亞洲箱龜皆不會脫落牠們的盾板。有可能出現正常的磨損或是已經癒合的傷口，但是要注意新生的甲殼傷口。甲殼應該要整齊對稱，如果出現腫大或軟化的區域，則有可能是營養不良或是細菌感染。
3. 頭部應兩側對稱，沒有任何腫大部位。頭部腫脹有可能是中耳的膿腫或囊腫。外擴或是不完整的鼓膜鱗片則表示為之前的感染。
4. 眼睛需張開且明亮清澈，而非凹陷晦暗。若眼睛有分泌物、瞬膜發炎或是雙眼緊閉，都可能意味著呼吸道感染、嚴重脫水，或是維生素 A

不足。觀察眼瞼四周，眼瞼如果發炎腫大，則在放大鏡下你會看見眼瞼四周滋生許多微小寄生蟲。

5. 鼻孔要暢通無阻，無鼻屎或是鼻塞。出現分泌物則有可能是呼吸道感染。

6. 檢查口腔。你可以用橡皮擦的末端輕輕下壓箱龜的下顎使其張嘴。舌頭應為粉色——某些錦箱龜則為藍色。口腔不應有任何分泌物或潰爛症狀——舌頭或上顎出現乳黃色疙瘩或紅色斑點。箱龜生病時通常會用嘴巴呼吸。龜喙不應出現龜裂或是過度增生。

7. 抬起四肢。箱龜要避免受壓，腿部不應出現腫脹，腳趾健康且無過度增生的腳爪。皮膚乾燥、龜裂都可能是箱龜正處於極度乾燥的狀態。

8. 檢查頸部和腹股溝（鼠蹊部）部位的皮膚。皮膚應為平滑柔軟，不乾燥、無腫脹且呈紅色。檢查出傷口、腫塊、寄生蟲和皮膚乾燥則有可能是水腫或皮下出血。

9. 觀察尾巴。打鬥、氣候乾燥、被肉食動物攻擊都有可能造成斷尾。肛門必須乾淨、無腫脹、分泌物或惡臭味。

10. 腹甲應該要沒有龜裂或傷口且鉸鏈完整。甲殼潰爛通常發生在腹甲部位。注意腹甲下方，若有盾板剝落、異味或泛紅，有可能為敗血症。

飼養之前

在拿到箱龜之前就將飼養環境設置好是很重要的事。你需要花時間監控和調整環境溫度。這也表示在你快速將飼養環境組合完成的時候，你的箱龜不會只能待在一個漆黑冰冷的箱子裡。

上述所言並不能拿來用作醫學診斷，所有新購買回家的箱龜都應該帶去給熟知箱龜的獸醫看過。箱龜在壓力之下會造成免疫力下降，此時容易遭病原體入侵而感染。偶爾會發生使牠們受傷的意外（例如：被狗咬），此時你不會想浪費時間去四處投醫，和你的獸醫保持良好互動，是維持箱龜健康的重要因素。更多的箱龜診療資訊會在健康照護的章節提出。

健康箱龜的眼睛應該睜大且明亮，沒有任何腫脹或分泌物。

環境適應

新飼養的箱龜應該帶去給爬蟲科專業獸醫做一次全身檢查。如果你還有其他隻箱龜，無論檢查結果如何，新龜都必須經歷一段檢疫期。新龜所感染的細菌與病毒皆可能有數月的潛伏期，之後如果擴散到其他箱龜身上會造成十分可怕的結果。美洲箱龜的檢疫期為三至六個月，亞洲箱龜則為一年（因為牠們更容易遭到細菌和寄生蟲入侵）。雖然檢疫期看起來很久，但箱龜的健康完全取決於你的努力和決心。

如果在檢疫期間，牠們的表現一切正常健康，此時就可以準備將牠們安置到正規的飼育箱。如果你同時還擁有來自不同州的其他箱龜品種，那麼牠們從現在開始應該要分開飼養，如果你只有一隻箱龜，適應期或許可以短至幾天。之後仔細觀察牠在自己新家的生活，探索牠的習性以便供應牠的需求。

陸棲箱龜的檢疫飼育箱

檢疫飼育箱可以使用 24×18×16 英吋（61×46×41 公分）或是 18 加侖（68 公升）大的塑膠箱製作而成。此外也可以使用大型的玻璃水族箱，只需用紙遮蓋四邊以防止箱龜看到外面。飼育箱的一端舖上一層厚厚的水蘚和泥炭蘚；另一端則是放置一個裝滿清水的淺盆，足以讓箱龜整個身子浸入其中。在舖滿苔蘚的那端設置一個防水的躲藏箱，在裝有清水淺盆的一端放置一些平滑的頁岩或磚瓦。

在淺水盆和頁岩塊上掛一盞裝有 50 或 75 瓦的白熾燈泡，一天照上十二

警告

箱龜（和其他爬蟲類動物以及大多數鳥類）可能會攜帶沙門氏菌，因此請勿讓牠們與幼童或是免疫力差的人接觸。

小時。恆溫設定在華氏 80 至 85 度（攝氏 27 至 29 度），使用一個與箱龜高度相等的電子溫度計來測量溫度。你或許需要通過調整燈泡亮度和高度來達到最適宜的環境。裝設一盞橫跨水苔區一端同時含有紫外線 A 和 B 的雙螢光燈罩。美洲箱龜的溫度設定維持在華氏 75 度（攝氏 24 度）左右，而亞洲箱龜則為華氏 80 度（攝氏 27 度）。將飼育箱安置在屋內安靜的一角，並且確保密不透風。夜間溫度下降對箱龜而言是很自然的情況，如果溫度停留在華氏 65 度（攝氏 18 度）以上，便不需額外加熱升溫。然而，屬熱帶區的亞洲品種，夜間溫度仍應維持在華氏 75 度（攝氏 24 度）以上。

新獲得的亞洲箱龜（圖為花背箱龜）應該要與其他箱龜進行檢疫至少十二個月。

水棲類的亞洲箱龜品種，可以隔離在飼養環境章節中所描述的水族箱裡。絕不要將美洲箱龜和亞洲箱龜混合飼養，某個箱龜品種所能忍受的病原體可能會對另一個品種造成嚴重疾病！同樣地，不同品種的箱龜也不建議放在一起飼養。

檢疫照護

在接下來的幾周，每天讓箱龜待在裝了溫水的淺盆裡泡澡，水位為箱龜身軀的一半高度，每次浸泡時間為十五至三十分鐘，餵食則需遵照飲食章節的守則，其餘時間則讓箱龜休養靜觀其變。

清理和檢查所有的排泄物，糞便應為深色且形狀完整，不帶有蟲子或是未消化食物。在冗長的檢疫期間內，舖墊起初應每週更換一次，之後定期更換以便將污染物能夠完全清理排除。在這段長時間的檢疫期中，時間和金錢上的花費是無庸置疑的，但所有付出的心血都能讓你的寶貝遠離潛在的致命疾病。

第三章

箱龜的飼養環境

讓箱龜擁有一個舒適的居住環境就和身體健康及完膳飲食一樣重要。不當的居住環境會帶給箱龜緊張和壓力、影響食慾和降低免疫力。這個章節將會帶領你學習如何提供一個既安全又舒適的居住環境。戶外圍欄通常能提供最佳的環境，但是室內一樣能創造出良好的居住環境。

針對箱龜在自然環境中生活的田野調查給了我們許多線索，幫助我們了解在家飼養牠們時的需求。在野外，牠們的活動範圍可以從半英畝（0.2 公頃）擴展到數倍之多，取決於活動區的可用資源。然而家養箱龜並不需要如此大的生活空間，只要我們能夠提供牠們在野外生活時的必需元素。

即使是陸棲性箱龜，如東部箱龜，也會在大熱天躲進水裡泡澡降溫。

箱龜是外溫動物（冷血動物），無法和哺乳動物或是鳥類一樣自行產生熱能，但是牠們有著奇特的能力來調節自己的體溫，藉由以下的行為機制：日光浴或避暑、將自己埋入潮濕涼爽的底層，以及長時間泡澡。當體溫處於最佳狀態時，箱龜能完成所有必需的生活機能，如爬行、覓食、交配、孵化及食物消化。一個完善的戶外或室內飼養環境，要能提供足夠溫暖和涼爽的區域、庇護所和適當接近水源。

品種考慮

毫無疑問地，北美箱龜和亞洲箱龜來自不同的大陸，更重要的是，牠們來自不同的氣候區。東部箱龜一般生活在溫帶區的潮濕林地、沼澤和草原。然而另外兩個亞種，墨西哥箱龜和猶加敦箱龜，則分布在熱帶區的落葉灌木林，而且在寵物市場上十分罕見。沼澤箱龜是受保護的澤龜品種，禁止出現在寵物市場，且分布在墨西哥境內的夸特羅謝內加斯的沙漠溫泉生態系統。稀有的斑點箱龜分布在位於太平洋沿岸的墨西哥西部山丘裡的一處狹長形熱帶落葉林。這四種稀有箱龜的養殖方式在此並未詳述，儘管牠們的飼育方法應和那些北美近親品種相似。

第三章詞彙表

外溫性：體溫會隨著外在環境溫度的不同而所有變化。

腐殖土：容易挖掘栽種的土壤。

棲息地：動物生長的自然環境；也可以指的是具備自然環境條件的家居飼育區。

體溫調節：體溫控制中樞的活動；龜類和爬蟲類藉由往溫暖或涼爽場所移動而調節自身體溫。

錦箱龜分布於北美大平原內的草地和灌木林地，當地的夏季特別乾燥炎熱。沙漠箱龜亞種生活在美國西南部的沙漠灌木林。雖然看上去這裡的氣候條件和東部箱龜的棲息地截然不同，但其實兩者生活下的微棲地十分類似。錦箱龜和沙漠箱龜的避暑方式皆為尋找更為涼爽潮濕的環境，像是躲藏在地底洞穴或是濃密灌木叢下。

來自亞洲的各類箱龜生活在完全不同的氣候區——飼養條件需要依各品種而定。兩名澤龜類成員為馬來箱龜和中國三線箱龜，牠們生活在溫暖的池塘和森林小溪。黃緣箱龜棲息於陸地（但是近水源），喜好待在蔥鬱的熱帶林蔭處。花背箱龜和鋸緣攝龜則分布在氣候溫和的山林地。亞洲箱龜彼此不應混居，也絕不要和美洲箱龜一起混養。

戶外飼養和室內飼養

無論如何，箱龜都應以生活在戶外為主，就算只有在溫暖的夏季或是一日當中的數小時，我們都應該給予箱龜到戶外享受陽光、新鮮空氣、運動和覓食的機會。如果你居住在箱龜的原生地，會很容易創造一個舒適永久的戶外飼育區。或者利用人工光源和熱源也能建造出良好的室內飼養環境；如果設置妥當，一樣能為大多數箱龜帶來合宜的居住環境。

某些飼主想要讓他們的箱龜在自家屋內自由行動，這對箱龜和飼主來說都不是一個正確的選擇。箱龜會攜帶並散播沙門氏菌，會對人類

最佳生理活動溫度帶

最佳生理活動溫度帶（POTZ）是指對一隻爬蟲類生物而言，最適合牠進食、生長、繁殖和治療的溫度範圍。對箱龜來說，POTZ 取決於特定品種的地理分布區域。當進行藥物治療時，箱龜應該要處於 POTZ 的高端以確保藥物能順利被身體吸收。夜間溫度建議調降至與自然界相仿的華氏 5 至 10 度（攝氏 2.8 至 5.5 度）。

造成眾所周知的潛在危險性傳染病，同時箱龜也容易在家中走失，在沒得吃喝的情況下身體漸漸惡化。何況家中的溫度、通風和濕度皆不適合箱龜的生長條件。

箱龜的年齡與體型

對於飼養箱的構造，幼龜與亞成龜或成年龜的考量完全不同。幼龜的飼養環境會在之後的繁殖章節詳述。簡單來說，幼龜必須安置於室內環境以躲避惡劣天氣，以及如大鳥、浣熊、狗、螞蟻和嚙齒動物等掠食者的侵襲。

混養箱龜

如果你擁有不只一隻箱龜，在決定混養時要考慮以下幾點。成年雌龜和有著相似體型及溫和性格的未成熟箱龜通常可以放置一起混養，雄龜之間通常會彼此攻擊，因此必須分開飼養。雄龜在交配期會表現的更為固執和持久，交配時位於下方體位的箱龜（雄龜或雌龜皆有可能）很容易受到壓迫且受傷。雄性亞洲澤龜品種的侵略性行為更甚，很容易對雌龜造成嚴重傷害。發育成熟的雄龜只能在短暫的交配期間和雌龜共處一室——只為達成求偶和配種的目的。

箱龜在接近其他個體時往往會感到緊張，因此需保持和其他同伴的距離。過度擁擠的飼養環境也會產生嚴重的衛生問題，例如積累的排泄物演變成細菌的溫床。我建議在至少 12 平方英呎（1.1 平方公尺）大的室內飼育箱中，飼養一到兩隻雌龜或單獨一隻雄龜，戶外圍欄則愈大愈好，盡可能涵蓋植物、木樁、洞穴和土墩作為彼此間的視覺阻礙。結論就是，美洲箱龜與亞洲箱龜請勿混養，不單是因為牠們的個體需求不同，還有彼此對於自身夾帶的病原體缺乏免疫力。

生病或受傷的箱龜

生病或受傷的箱龜不能放置在戶外飼育區或與其他箱龜待在一起。一隻有著呼吸道疾病、開放性傷口、眼睛浮腫或腹瀉的箱龜，應該被安置在室內溫暖的醫療缸（詳見關於健康管理的章節）內，以防止蚊蟲滋擾和就近觀察。

戶外圍欄

合宜的戶外圍欄應提供箱龜擬自然的生態環境和足夠的空間。確保你挑選的箱龜品種能夠適應當地的氣候，某些東部箱龜和錦箱龜的亞種可以放置在相同類型的圍欄裡（牠們在野外生活於相似的微棲地）。許多亞洲品種也同樣可以養在戶外，但是牠們暴露於戶外的時間，應侷限在一年當中溫度維持在華氏 80 度（攝氏 27 度）左右的白天，以及溫度在華氏 65 度（攝氏 18 度）以上的夜晚。當溫度略為下降時，你也可以將其改造成溫室，來滿足條件所需的溫度以供箱龜使用。當寒冷季節到來，牠們則應被放置於保持在華氏 80 至 90 度（攝氏 27 至 32 度）的理想溫度的室內環境中。

目前我的箱龜畜欄是一個自由型態的戶外圍欄，遵從州法規定要求劃分為兩個主要區域以隔開雄龜和雌龜。我使用一堆不同的材質去搭建一個既實用又美觀的圍欄，圍欄四周 10

雄龜過多會破壞和平

當你在戶外混養箱龜時，雄龜與雌龜的比例最好為 1：4。這樣能夠分散雄龜對當中任何一隻雌龜的注意力，也能讓雌龜減輕壓力。設有充足遮避物和躲藏箱的大型飼養圍欄，同樣可以幫助雌龜逃離不想要的關注。

圖為作者的箱龜戶外飼養圍欄。一隻三趾箱龜正在石形環狀池中泡澡。

英吋（25 公分）深的底層埋入鋁製防水板以防止箱龜挖掘逃走，用木頭和石塊所堆排的 16 至 20 英吋（41 至 51 公分）高的矮牆可以阻擋想要攀爬出去的箱龜。圍欄區總面積為 400 平方英呎（37 平方公尺），大到足以飼養二十隻左右的箱龜——完全超乎我所計畫擁有的數量！

設置地點

在建造戶外圍欄之前，你得先挑選好設置地點，選擇一塊日曬充足且最好遠離自家周邊的區域。你可以通過種植植物和低矮建築來當作遮避物，日照的變化可以讓箱龜自行調節牠的體溫。請注意所選區域是否有低窪淹水的可能，如果你計畫在戶外區飼養即將繁殖或準備過冬的箱龜，那麼對能吸收充足日曬及擁有良好排水系統的要求就需更加嚴格。

戶外底材

選好設置地點後，決定是否需要土壤強化來創造潮濕且鬆軟的底材。某些殘積土在夏季時可能會變得非常乾硬，而此時箱龜卻需要鬆軟的底材以便於鑽土躲避炎夏的酷暑。夯實土在下過雨後會變得很滑，會讓翻身的箱龜轉不回來。視土壤情況，你可以在土裡添加腐葉、雜草、泥炭蘚、沙子和有機土來創造出一個鬆軟肥沃的底材。

防脫逃畜欄

過去幾年，我有多次參與箱龜戶外畜欄設計的經驗，也看過數不清的其他飼主的畜欄設計圖。各式各樣的材料都被拿來築構外牆，如：鏈條式柵欄、木板和木樁、塑膠棧板或鋁片、混凝土空心磚、實心磚、石塊和粉飾灰泥牆。選擇一個適合你操作的材質，為你的箱龜打造一個安全的家。

外牆高度需要能夠防止脫逃，一般適合的外牆高度為 16 至 20 英吋（41 至 51 公分），這樣子的高度能夠阻擋箱龜採用疊羅漢式脫逃大法。堅固強度需要能抵禦強風、其他寵物或人類的侵襲。大多數的箱龜都是攀爬高手，因此需要特別注意角落處的屏障，並且在不光滑的外牆頂端加蓋朝內突出的岩壁。如果你選用的是鏈條式柵欄，就請在底部放置一些能遮住箱龜視線防止牠們往外看的東西。這樣可以預防箱龜們在外牆附近踱步，也同時阻止牠們跨越柵欄。

雌龜專用的特殊考量

雌龜需要地方產卵，特別是當牠們為繁殖群中的一員時。牠們偏好陽光充足、柔軟潮濕、良好排水且至少 8 英吋（20 公分）深的底材。即便你不打算讓牠們進行配種，雌龜仍會在交配後的四年內產下許多受精卵，以及終其一生產下非受精卵。沒有孵化能力，雌龜可能會為了要留住自己的蛋而形成危及生命的難產情況。正因如此，即使你沒有打算要為你的雌龜進行配種，也應該在牠的飼育區設置一個孵化點。

早期我的畜欄是十分簡單的長方形，利用塑膠棧板堆砌成外牆，使用裁切成適當形狀的聚氯乙烯（PVC）管作為支撐框架。我住在德克薩斯州東南部，由於白蟻和材質易腐爛的原因讓我放棄使用木頭。用螺栓將塑膠棧板和框架連結固定，PVC 管從框架的四個角落，垂直地插進地表 10 英吋（25 公分）深，使其能夠堅固地支撐。我在外牆周圍的地面舖設一整排磚以防止箱龜去挖掘外牆，同時這也能為箱龜提供堅硬的地面以利爬行，有助於保持牠們的腳爪鋒利。成堆的小煤渣磚或其他堅硬的材質可以深埋進牆底 12 英吋（30.5 公分），以阻擋隧道式脫逃法。16 英吋（41 公分）高的膠板外牆會使得箱龜覺得太滑爬不上去。

你可以利用塑膠棧板加上PVC管，組合出一個戶外箱龜柵欄。

對於磚塊或木頭這些表面較為粗糙的材質，請記得在角落處套上罩子。或者，你可以製作一個隔間蓋以防止脫逃。

水源區和餵食區

需要設置一個供應飲水和泡澡功能的大型淺水塘，塑膠盆栽托盤和大型滾輪收納盤（未經使用過的）都是不錯的選擇，把它們嵌進地面好讓箱龜能夠輕鬆出入，托盤應放置在陰涼處避免受熱。

指定的餵食地點最好能靠近枝葉繁茂的植物旁，如此一來怕生的箱龜會比較有安全感。利用平滑的石塊或瓷磚在餵食點建造一個基底，將食物放在堅固的表面上會讓清理更加方便。當箱龜吃著像是活蠕蟲這類的食物時，堅固的表面可以幫助牠磨去龜喙增生的部分。每隻箱龜要有專屬於自己的進食地點，這樣你才方便觀察牠們的飲食習慣和食量。同時也能隔絕具攻擊性的箱龜打擾其他箱龜進食。

濕度

當旱季來臨時，記得要給畜欄澆水以維持濕度、降溫、滋潤和鬆土，在乾旱好發區替你的畜欄架設一台自動灑水系統是一項絕佳的投資。不利於箱龜的氣候條件，如乾燥、炎熱的天氣會引發皮膚乾燥、雙眼紅腫、中耳膿腫和上呼吸道感染，濕冷的天氣則會降低箱龜的免疫力。因此，即使在戶外飼養箱龜也應盡可能地提供理想的生長條件。

自然元素

覓食、探索和運動都是箱龜日常行為的一部分，且有助於箱龜的身心健康，在圍欄內加入些物品元素能幫助喚起這些日常行為，偶爾添加一個新的物品可以激發箱龜的好奇心，不過要避免將其放置在外牆的附近，以免加深脫逃的企圖。如果畜欄環境夠大，可以種植漿果類灌木和小型果樹，你也可以在畜欄內種些可食用植被，如長日草莓、金蓮花、紅菽草和萵苣。野生蕈菇、苔蘚和青草皆可作為箱龜本身或是牠們所喜歡吃的蟲子的食物來源。種植地表植物和擺放枯枝層則可以提供箱龜躲藏點，以及創造所謂的「forms」。Forms 是指箱龜在靠近石塊、木樁或植物周邊的底材內所製造出的窪地，這些窪地可以讓箱龜在濕潤的底材中呼吸到濕空氣，對箱龜的健康大有助益。我使用藍色牛毛草或其他青草叢、低矮灌木和富貴草，因為這些植物較為強壯，經得住箱龜刨根。快速發育的植物會助長這些脫逃大師，因此需時常修剪位於外牆和角落的植物。

防範掠食者

飼養在畜欄裡的箱龜必須使其免於掠食者的攻擊，甚至包括家中的寵物狗。許多動物都會對箱龜造成傷害，如浣熊、草原狼、狐狸、北美負鼠、臭鼬、大型鳥、蛇和囓齒動物。我必須在夜間和冬眠期保護好

戶外畜欄可以利用平坦的岩石塊做出理想的餵食區。石塊能夠幫助箱龜磨損龜喙。圖為正在進食麵包蟲的錦箱龜。

一個小改變會讓牠變得更好

在畜欄裡設置空心木樁和腐爛木樁（內部有蕈菇寄生的）可以提供箱龜一些新的探索點。加設一些能夠讓箱龜躲藏或攀爬的自然設施。時不時更新內部設施可以讓你的箱龜在生長環境中充滿刺激和新鮮感。

我的箱龜，因為我的戶外畜欄太大難以全面覆蓋，我必須將箱龜移往封閉式且上鎖的小型夜間圍欄。這個戶外「安全」畜欄比先前描述的塑膠畜欄來得小，但是是採用堅固的木頭框架和鋁片牆面搭建而成，將鉸鏈蓋製作成類似紗門，材質選用木頭外框和堅固的金屬網篩。夜間畜欄為箱龜提供了充足的空間和遮蔽，目的為使得日常行動的壓力降到最低。對箱龜和人類而言或許會感到不方便，但安全因素遠重於一切！

如果你居住在城市或近郊，你的箱龜會面臨其他安全上的考量。飼主可能會遭遇到寵物被盜走、其他人有意或無意地釋放，甚至有毒物質逕流的毒害。請務必在你的箱龜受到傷害之前，仔細考量各種潛在威脅並找出解決方案。

戶外畜欄的保養

戶外畜欄的清潔與保養是一件永無止境的工作。水盆必須每天沖洗，隨時補充乾淨的清水，每週一次使用可溶性有機洗碗劑和低濃度漂白溶液（每加侖一茶匙的漂白劑或是每 1.31 公升取 1 毫升），將水盆徹底消毒清潔，之後沖洗乾淨並烘乾。剩餘的食物殘渣和隨處可見的排泄物也要天天清除乾淨，雖然陽光的紫外線能夠幫助殺菌，雨水也能夠沖刷掉聚積的排泄物和寄生蟲，但是你的清潔工作能夠加快這些進程。當夏季來臨時，偶爾添加些腐葉土壤並且把土層翻鬆，此舉能讓箱龜與那些排泄物的接觸降到最低，並能破壞寄生蟲的聚集。

蟲害

即便箱龜會捕食某些昆蟲和節肢動物，一部分的特定物種還是會對箱龜造成傷害。恙蟲、蟎、蜱，甚至是蚊子，都已知會對箱龜造成危害。火蟻是當中最危險的（牠們能夠殺死箱龜），一旦發現就應該立即根除，小型蟻穴可以利用大量滾燙的熱水澆滅，大型蟻穴用此方法則過於耗時。使用市售的專用火蟻殺蟲藥劑來對付大型蟻穴，遵照產品使用說明，並且盡可能在遠離箱龜畜欄的地方使用，萬一火蟻穴出現在畜欄內，使用前請先移走箱龜。將滅蟻藥裝在小型容器內，在上蓋和四面戳洞，此時火蟻群會爬進容器內將藥劑帶回蟻穴。請勿在箱龜圍欄裡直接將殺蟲藥灑在地面上，下雨時請先將除蟲容器移開以免造成地面污染，只有在火蟻徹底被剷除之後才能將箱龜送回畜欄。

蟎的問題通常只會發生於箱龜被飼養在靠近蛇或蜥蜴的情況。當箱龜被放置在戶外時，蟎或許存在，但卻很少形成嚴重問題。如果遭遇嚴重肆虐，蟎可能會爬滿眼睛、鼻孔或泄殖腔四周，蟎會依附在這些區域的柔軟組織上吸血，引發昏睡、貧血和其他併發症。受到感染的箱龜應該被移往室內的醫療箱接受適當治療（詳見健康照護章節），一旦箱龜被移往別處，立刻著手清理圍欄和翻土。如果室內圍欄受到污染，請丟棄所有墊材，並用熱肥皂水和每加侖半杯劑量的強效漂白溶液（每 1.3 公升取 118 毫升）徹底清洗消毒，沖洗乾淨後烘乾。

蚊子和恙蟲經常出現在箱龜附近，藉由保持箱龜畜欄環境的濕潤，我們不經意地為蚊子和恙蟲創造了絕佳的滋生場所。因為牠們會夾帶同

這些夜間畜欄的上方有加蓋防護網，可以防止掠食者攻擊箱龜。

時對箱龜和人類有害的病源，所以當蚊子大量滋生時必須要加以消滅。曝氣裡的魚群會捕食昆蟲的幼蟲。隨時更換箱龜水盆中的清水，清除污水來源；天天清洗水盆能夠防止蚊蟲滋生，請在皮膚和衣服上噴抹含有DEET 的防蚊液來保護自己。

室內環境

箱龜在充裕的空間裡會表現地十分活躍，非常有利於牠們的運動和探索，如果被侷限在狹小空間，用最精準的字眼來形容牠們的痛苦就是沮喪，牠們會食慾不振、用腳爪挖牆角發洩，或是死氣沉沉地癱在飼育箱的角落。飼養箱龜最大的樂趣之一就是觀察牠們的各種行為，而在寬敞又豐富充滿變化的居養環境下最能達成此目的。如今一些水族用品製造商已經開始設計專為爬蟲動物使用的款式，這些專用水族箱有更多的地板空間和矮壁設計，有些甚至還區分為澤龜類專用。然而，大多數只適合作為檢疫期箱龜或病龜使用的短期飼育箱。

為陸棲類箱龜準備的長期飼養環境，應使用預訂的大水池、大型書櫃或兒童用泳池。澤龜類箱龜則可以飼養在大型水族箱、塑膠水槽或市售的水族用龜缸。在你陸續置入底材土和水盆、躲避樁和其他擺設之後，這些大型容器會變得十分沉重，請將這些大型容器裝設在有滾輪的平台或是桌面上，方便你移動清洗整理。無論你選擇哪一種裝置作為室內居養環境，請確保它容易清理。

經常清潔戶外箱龜畜欄的水區，並提供乾淨水源以杜絕病媒蚊的滋生。

箱龜棲地偏好

陸棲：東部箱龜、三趾箱龜、錦箱龜、沙漠箱龜、鋸緣攝龜、花背箱龜
濕地：黃緣箱龜、灣岸箱龜、佛羅里達箱龜
水棲：馬來箱龜和中國三線箱龜

客製化室內陸棲飼育區

最佳的室內飼養環境是依據個人需求設計，並且在空間上盡可能寬敞，大多數飼主在了解到箱龜擁有足夠空間會更加地悠游自得之前，會歷經好幾種飼育箱的尺寸。接下來所要介紹為陸棲箱龜設計的室內飼養環境，是由中大西洋動物救援協會的珊蒂巴奈特小姐所製作。她將一個堅固的書櫃背面朝下平放在地，內部的書架隔板全部拿掉，用更多的螺絲釘強化固定書櫃的背面。櫃子的地上面積為至少 12 英吋（30 公分）高、12 至 13 平方英呎（1.1 至 1.2 平方公尺）寬，櫃底鋪設堅固耐用的防水布（大於 6 毫米）或池塘襯墊，或是在底部表面塗上一層無毒防水塗料。防水布的四個邊角必須仔細地塞好，如此一來便能滴水不漏，此外，防水布的懸垂口沿著框邊一一釘牢（使用釘槍固定為最佳選擇），整個周邊裁切整齊，利用方木作為內層邊緣的懸突，一方面給防水布加了雙層保障，另一面也能防止箱龜脫逃。

底材

箱龜是在自然界裡的土壤和樹葉中成長的，但這些元素可能會讓室內飼育環境變得一團糟，並且可能會滋生寄生蟲、黴菌或細菌。合適的鋪墊必須有絕佳的保濕性，泥炭蘚在水裡有二十倍的吸水力，我喜歡使用將泥炭蘚與椰殼纖維（有時稱作椰棕）或是泥炭苔合成後的混合物，這種混合物具高效保濕，價格便宜又便於清理更換，而且箱龜似乎很喜歡這玩意兒。如果你使用加工而成的椰殼纖維，先將其浸泡在裝滿溫水的大型箱內，它會從原來的大小膨脹數倍之多，將它沖洗幾次以過濾掉灰塵，把泥炭蘚沖洗乾淨之後與等量的椰殼纖維混合。其他市售的墊材像是硬木屑、扁柏屑、表層土、不含珍珠岩或其他添加劑的盆栽土，以及飼育箱苔蘚都可拿來使用。測試你現有的材料並使用最適合箱龜的一種，在書櫃型飼育箱內鋪設 5 至 6 吋（13 至 15 公分）厚的墊材，在環境的四周，將一些扁平的石塊或磚塊放置在底材的上方，以建造餵食點和日曬區。

爬蟲地毯不具保濕功能，且無法滿足箱龜挖掘和躲藏在地表下的習性。絕對不要使用松樹皮或是雪松刨屑，因為內含的芳香油成分會對爬蟲類動物的鼻粘膜形成永久性傷害，甚至引發死亡。其他也應避免使用的市售墊材包括核桃殼碎片、回收用舊報紙、兔子木屑砂、貓砂和白楊木刨屑。砂礫、純矽石和鈣砂也不推薦，有可能會因為誤食而導致消化道阻塞。

濕度

濕度對於箱龜的成長十分重要，研究顯示過於乾燥的環境會導致甲殼畸形。使用濕度計（於許多寵物用品店都可買到）並讓環境維持在百分之七十至九十之間的濕度，如有需要請經常為墊材噴水，並且將水盆置於燈管下方加速水氣形成。如果你的屋子很乾燥，只要在通風良好的情況下，你可以使用樹脂玻璃或是類似的塑料鋼板覆蓋住一部分飼育箱以維持濕度，你也可以使用室內加濕器。

> **珍珠岩**
>
> 不要使用含有珍珠岩成份的盆栽土。珍珠岩為一種火山噴發後的小型白色玻璃質熔岩，被使用在某些市售的盆栽土中，箱龜通常會因著對鈣質的需求而急速吞下這些白色小珠子，但珍珠岩不易消化，很可能會引發腸阻塞。

飲用水

如同戶外飼育區一樣，必須要提供箱龜足以飲用和泡澡的飲水設施。你可以用個大型塑膠材質的盆栽托盤或塑膠滾輪收納箱，又或是改造過的照片沖洗托盤製作出一個「水池」。剛孵化的龜苗很容易在深水中翻覆導致溺斃，牠們只能在非常淺的水池中進出，水深最好只達 1/2 英吋（1.3 公分）或是更淺一些。如果你能小心翼翼地監督牠們，也可以讓牠們在稍微深水的盆中浸泡。確保水盆底部是嵌進墊材裡好方便進出，每天或是一旦有髒污就隨時沖洗乾淨，每週一次使用熱肥皂水刷洗和漂白水消毒，之後用清水將殘留的消毒藥劑沖洗乾淨。

在室內飼養箱內，樹皮木屑是可被接受作為底材材質的其中一種。圖為鋸緣攝龜。

加熱

室內飼育箱需要光照和熱能來模擬戶外大自然的飼育環境，同時提供暖區和冷區讓箱龜可以自行調節體溫，在兩個區域都設置電子溫度計，將其置放在箱龜的高度用以監測體溫的變化，重要的是別去自行猜測箱龜體溫。當季節開始轉換，需要重新檢測溫度並調整燈泡的瓦數和高度來保持適當的光照範圍，需細心注意讓箱龜或是舖設的墊材與所有熱源保持適當距離，所有的燈具都非常燙手，在使用時請務必小心，請使用堅固的燈座、安全線路和電弧故障阻斷器來幫助預防火災的發生。

燈具的數量和燈泡的瓦數取決於你想要加熱的空間大小。鎢絲燈、加熱燈、陶瓷發熱燈和紅外線燈皆能作為熱源來使用，對於較大的空間，可以使用水銀燈，但使用時需特別小心，水銀燈所產生的熱度和太陽的紫外線一樣，但是它們的亮度非常高且容易受熱，並不適合用在小型的室內飼育箱內或是人們長時間停留的地方，上述所提及的場所，使用普通的鎢絲燈泡是最安全的選擇。

對美洲箱龜而言，在調整燈泡的瓦數和相關位置時，請將暖區調至華氏 80 度（攝氏 27 度），冷區為華氏 70 度（攝氏 21 度），日曬區則設定成華氏 85 度（攝氏 29 度），花背箱龜和黃緣箱龜也可以採用上述的溫度設定。對大多數的箱龜來說，夜晚溫度降至華氏 10 度（攝氏 5.6 度）都是可接受的範圍。中國三線箱龜和馬來箱龜的暖區則需要來到華氏 90 度（攝氏 32 度）的高溫，水溫則為華氏 82 度（攝氏 28 度），對這兩個品種來說，如果夜間溫度降至華氏 80 度（攝氏 27 度）以下，則需使用一個低瓦數的紅外線燈來升溫保暖。

光源

箱龜屬於晝行性動物；亦即一般我們所謂的晝出夜伏，晝夜循環對牠們來說缺一不可。兩種類型的紫外線光譜對於箱龜的健康都十分重要，即便這兩種紫外線光都為人類的肉眼所不可見，紫外線 A 和 B（UVA 和 UVB）光源提供了對身體健康有益的光譜。讓箱龜吸收紫外線的最好方式就是讓牠們在戶外活動，即便是飼養在室內環境裡，也可以在戶外設置一個日間畜欄，讓牠們花上幾個小時活動身子和做日光浴。UVA 能讓食物的顏色看起來更加自然，藉此刺激箱龜的食慾，相同的波長也可以促進植物生長，而 UVA 光可能還能為箱龜帶來其他我們尚未知曉的好處。

完整的室內箱龜飼養環境包括紫外線燈管、加熱燈、躲藏處和泡澡區。

UVB 對於鈣的代謝作用十分關鍵，而此代謝過程對龜類來說特別重要，當皮膚曝曬在 UVB 之下，細胞會合成維生素 D3 （膽鈣化醇），這種維生素的作用在於將鈣轉換成身體可以吸收的形式。太陽光的 UVB 射線通常會被玻璃窗或螢幕所阻擋隔絕，如果你的箱龜無法每天在戶外待上一段時間，你就必須為牠們準備人造太陽光。數家公司所製造的 UVA 燈管被作為植物光源，也有一些寵物用品工廠生產爬蟲動物專用的 UVB 燈管。所有類型的紫外線燈管壽命都不長，會逐漸喪失其發揮功效，對於正值生長期的幼龜需要每三個月更換一次新的燈管，成年龜則是半年一次，水銀燈則不需要如此頻繁地替換，但仍應十二至十八個月更換一次。你可以使用數片強化木板，做出置於書櫃型飼育箱內的 UVB 螢光燈管支架，設置好支撐燈架，讓紫外線懸吊在離箱龜上方約 16 至 18 英吋（41 至 46 公分）高的位置，安裝雙燈管可讓 UVA 和 UVB 同時進行作用。可通過類似夾鉗燈具加裝一個日曬燈，或是將日曬燈加裝在立燈造型的燈架上，將這些燈具及加熱燈連接計時器，以提供晝夜循環的光照條件——十二小時白晝和十二小時黑夜。

頭頂加熱

許多爬蟲類動物喜歡躺在發燙的岩石上以吸收「腹部熱」；然而，箱龜偏好直接頭頂加熱法。發燙石、熱敷墊和加熱帶，這些在工廠所製作的預先加熱產品，可能會對箱龜的細胞組織和甲殼造成傷害，不建議使用在箱龜身上。

室內擺設

設想周到的室內擺設，對於空間受限下所形成的枯燥和壓力十分重要，空心木樁、碎掉的陶土罐和小型植物都能提供箱龜作為躲藏時的遮蔽物，確保這些戶外用品不會夾帶惱人的蟲子進屋。裝飾用植物不論真假都不能有尖銳處，以免刺傷箱龜。擺設物品時需注意不要造成可能讓箱龜卡住或是受壓的危險，如未放穩的石塊，體型較小的箱龜可能會卡在擺設品之間無法動彈，如果卡點正巧靠近加熱燈甚至會有熱死的可能。

室內環境維護

室內飼養環境必須有規律地定期清潔，缺少太陽和雨水這兩位大自然的清潔高手，如果室內飼養環境不常做清潔維護工作，細菌和寄生蟲會快速滋生造成危害。餵食後一小時內收拾完所有未吃完的食物殘渣，一旦發現排泄物就應立即清除乾淨。假如泡澡完之後發現有排泄物，則用乾淨的清水沖洗水盆再重新裝滿。水盆請使用稀釋過的漂白水進行每週一次的消毒清洗，每個月將墊材全部換新，尤其是在小型的室內環境，養成定期維護整理的習慣，能幫助你省去寄生蟲以及許多其他疾病所帶來的麻煩。

使用氯己定稀釋溶液（每加侖的水取四到六大匙）來為你的飼育箱和其他擺設進行消毒。如果是使用較為強效的漂白溶液（每加侖的水取半杯或每 1.31 公升取 118 毫升）來進行消毒，請務必在消毒完後徹底沖洗並烘乾，氯己定對爬蟲類無害，但是殘留在飼育箱內的漂白溶劑可能會導致健康問題。大型飼育箱應該每個月清理一次，除非有多隻箱龜同時居住在一塊，小型飼育箱和較為擁擠的居住環境經常會導致病菌迅速滋生蔓延，因此必須更加勤快地整理清潔。

亞洲箱龜的室內環境

當寒冷季節到來，或是居住在無法將亞洲箱龜飼養在戶外的那些地區，就必須利用到室內環境。依據各個不同品種，有一些能飼養在之前所描述的陸棲品種的室內環境裡，然而其他品種可能會需要水棲類的室內飼育環境，請務必了解你所飼養的亞洲箱龜品種。馬來箱龜和中國三線箱龜這兩種是屬於熱帶水棲類箱龜，需要大型的水生環境和整體更加溫暖的空間。黃緣箱龜、花背箱龜和鋸緣攝龜則屬於陸棲類箱龜，能夠居住在與美洲品種相似的室內環境，溫度的調節上請仿照亞熱帶氣候標準。

水棲室內飼育區

對於水棲類品種，設置一個舒適的室內環境包含溫暖的內部空間、有大量清水可以游泳，以及供其曬背的突出平台。一個體積約 50 加侖（190 公升）大的水族箱，對飼養單隻箱龜來說是相當合適的規模，將箱子注滿 8 英吋（20 公分）深的水，使用水族箱加熱器將溫度調整在華氏 82 度（攝氏 28 度），加熱器周圍加裝線濾網以防止遭受箱龜破壞。

在比水面高出一些的地方增設一個曬背平台，這個平台可以是一個舖滿平滑卵石的塑膠淺碟，安置在箱底堆疊起來的磚塊上方。製作一個中空型平台可以容許更多游水空間，又能在平台下方提供一處躲藏區，好讓箱龜在感受到威脅的時刻能找到藏身處，有些飼主偏好選用壓克力材質的

圖為替馬來箱龜製作的客製化室內飼養環境。圖中的過濾水裝置讓環境維護變得更加輕鬆。

平台，將平台塗抹防水的環氧樹脂並依附在水族箱的周邊。如果你飼養一隻懷孕的雌龜，則需使用一個至少 5 英吋（13 公分）深的碟盤，將先前裝的卵石拿掉，取而代之的是盛滿的沙土，好讓雌龜能夠用它挖出一個產卵區。將加熱燈放在平台一端的正上方，作為一個提供華氏 90 度（攝氏 32 度）高溫的曬背區。

水棲龜的進食與排泄皆在水裡進行，安裝一個大容量的外置淨水器雖然能幫助維持水質的乾淨，但是它永遠替代不了定期性的換水。水族箱中的裝飾品並非必要，但是一堆平坦的造景石塊不僅可以讓飼主心情愉悅，同時也能讓箱龜有另一處爬上爬下的區域。增設水生植物同時可作為箱龜的食物來源和遮蔽物，在箱子的背面和四周貼上裝飾壁紙，不僅能達到視覺效果，也能讓箱龜感到更加安全。

客製化水棲飼育區

當你將數隻水棲箱龜放在一起飼養時，可以參考這位箱龜飼養者瑪麗・哈珀森小姐所設計的飼育環境區。比起一般在水族箱中常見到的飼養環境，這些箱龜可能更具侵略性且需要更多的活動空間。雄龜特別具有攻擊性，必須要將牠們和雌龜分開飼養，除非因應交配需求而暫時將牠們放在一起。

在一堅固的平台上方（視情況可加裝滾輪）搭建一個面積為 72×48×20 英吋（183×122×51 公分）大的木製盒，用厚實的塑料布圍裹盒子內框，或刷上一層無毒防水塗料。將橡膠襯墊舖在另外一個大小為 48×42×10 英吋（122×107×25 公分）的木盒上作為水源區，將這個水深為 8 英吋（20 公分）深的「池塘」底部舖滿卵石或平滑的岩石，同時裝設水族箱加熱器和大型外置淨水器來保持水源的溫度和乾淨。

設置一個緊臨水池的小型陸地區，區內由下至上舖設 2 英吋（5 公分）的木炭、6 英吋（15 公分）的沙質土和 2 英吋（5 公分）的扁柏屑及泥炭蘚，陸區土壤層的高度應約和水區的深度相齊。利用燈桿或是裝設一個高架木橫板，來托住位於箱龜上方 16 至 18 英吋（41 至 46 公分）的 UVA、UVB 和加熱燈。將曬背區升溫至華氏 90 度（攝氏 32 度），但是也要容納一個降溫至華氏 10 度（攝氏 5.6 度）的低溫區。利用樹脂玻璃覆蓋飼養環境的一部分區域，好讓濕度一直維持在百分之七十到九十之間。水池的清潔工作與在水族箱內的環境類似，陸區環境則視需求而進行更替。

箱龜的飲食

適當的營養是讓箱龜身體強健的基石之一，搭配上舒適的飼育環境，可以保證讓你的箱龜延年益壽，並且幸福快樂地過一輩子。還記得我們當中有許多人，小時候曾拿著捲心萵苣或漢堡餵食一隻閒逛至鄰居家的箱龜，這些食物並不一定不好，但是長期食用會引發危及生命的疾病和嚴重畸形。避免這些問題產生的關鍵，就是給予箱龜充分的營養和多樣化的飲食。可劃分為五大類食物營養來源：動物類（蛋白質、脂肪等）、菌菇類、綠色植物（樹葉）、水果和蔬菜。接下來的章節將呈現箱龜的營養基礎來源、如何選擇適合的菜單，以及解決挑食毛病的秘訣。

第四章詞彙表

腐肉：　死亡的動物
墨魚骨：　墨魚內部的硬鞘內殼，是箱龜極佳的鈣質來源
動物群：　動物生命
植物群：　植物生命
雜草類：　不含木質莖的植物，如野花和雜草

雜食性

美洲箱龜是雜食動物，對動物性和植物性食物的攝取量近乎各佔一半。黃緣箱龜和花背箱龜有著與美洲箱龜品種相似的雜食習性，但是，馬來箱龜和鋸緣攝龜則以草食類為主，反之中國三線箱龜的主食則大多為肉食類；這些箱龜的飲食習性將在此章節的後面詳加敘述。

有關箱龜飲食習性的研究並不多，但是美洲箱龜腸胃裡的內容物分析顯示出相當驚人的多樣化攝食行為，田野調查顯示這些箱龜就像是隨機食者，牠們肚子裡的動物食材涵蓋甲蟲、昆蟲幼體、腹足軟體動物、蒼蠅、蜘蛛、等足類、其他無脊椎動物、腐肉，以及所有牠們能在地上抓到或找到的東西，牠們也吃當季出現的菌菇和植物，包括莓果、水果、種子、雜草、苔蘚和樹根。寵物箱龜也應該被給予多樣化的食物選擇，不僅是顧及營養需求，也是為了模擬牠們所偏好的當季性飲食習性。

美洲箱龜為雜食性。圖為一隻東部箱龜正在享用藍莓、青豆、龜糧和其他什錦蔬果的組合餐。

在為你的那些雜食性箱龜決定菜單時，幾乎大部分所能想到的新鮮食物都可以考慮進去，只有一小部分食材，像是菠菜和高麗菜，會被列為不適合箱龜食用。菠菜的草酸含量很高，它會與鈣離子結合形成草酸鈣，

從而阻礙身體對鈣質的吸收，由於箱龜對於鈣質有高度需求，因此特別容易引起鈣質缺乏。高麗菜、青花菜和其他十字花科植物經常會被列為箱龜的黑名單食材，皆起因於它們含有致甲狀腺腫因子，它會阻撓碘的吸收。這些蔬菜如果過量食用，或是單獨食用不和其他食物搭配，會引起缺鈣、甲狀腺腫和腎臟方面的問題，但是，從另一方面來說，菠菜和高麗菜也是纖維質和維生素（如 β-胡蘿蔔素、維生素B群、C、E和K）、鈣、鉀、微量礦物質和微量元素的最佳攝取來源，如果能夠和其他食物一起搭配並注意鈣質的補充，這兩種蔬菜對箱龜來說也是有益的食物，真正的危害是過度餵食單一性的食物。

腸道承載昆蟲

蟋蟀和麵包蟲在被當成飼料之前，可以先進行兩天的腸道承載，藉由餵食這兩種蟲子含高鈣的無脊椎動物食材。可在網上找到許多市售產品，同樣地，你也可以使用番薯、高質量的熱帶魚乾片或是乾貓糧。要讓這些活飼料蟲子變得更有口感和更加營養，可以餵食像是蕪菁或蒲公英葉這類的綠葉蔬菜。

動物類食材

依據我們在野生箱龜胃裡內容物的發現，無脊椎動物佔有很大一部分，飼主可以在無農藥污染的後院和花園裡找到這些動物食材；蚯蚓、蠐螬（乳白色C字體型，活在土裡的金龜子幼蟲）、蚱蜢、蟬、金龜子、鼠婦、千足蟲、毛毛蟲、蝸牛和蛞蝓。有些箱龜飼主會自行培養蚯蚓和麵包蟲，大多數人還是偏好購買其他食材混合搭配，以達到豐富多變又營養均衡的需求。

隨著各種珍禽異獸不斷增長成為新一代家庭寵物，現今商業化的昆蟲養殖場開始大量繁殖培養蟋蟀、麵包蟲、蠟蟲（螟蛾幼蟲）、大麥蟲（*zoophobus*）、血蟲、夜蚯蚓和蠶，上述這些活體飼料全年都可買到，其中一部分在餵食給你的箱龜之前，可以被當成腸道承載。此外，當某些活體蟲子種類較為稀少不足時，寵物食品工廠也會生產脫水昆蟲乾和昆蟲罐頭以供使用，這些專為箱龜所準備的既保健又可口的脫水食品，在如今可謂邁出了一大步。

錦箱龜善於捕捉螽斯（紡織娘）和蚱蜢，這些昆蟲通常都成為野生箱龜的主食來源。

人類吃的某些肉品也可以拿來當做一部分的寵物家龜菜單，像是牛後腰瘦肉或去骨家禽肉，藉由健康方式烹調（蒸煮或微波加熱），可作為箱龜多樣化飲食的一部分菜單，只不過，這些肉類含鈣量低，餵食前需在上頭撒些少許的鈣粉。低脂的狗糧或貓糧（不論是罐頭或是乾糧）在混搭其他食材的條件下，偶爾可以作為多樣化飲食的主食。箱龜不適合吃其他像是熱狗和熟食切片這類的高脂肪加工食品或乳製品。

植物類食材

野生箱龜簡直居住在植物天堂，所有的植物都是取之不盡、用之不竭，這些植物食材補足了野生箱龜一大部分的飲食，而對寵物龜們來說，其重要性就是不會造成過度負載。野生箱龜胃部的內容物包括了菌菇、莓果、雜草、樹葉、苔蘚、植物嫩芽、植物根莖和落果，如果你有機會進入草原、森林區，或甚至是空地，替你的箱龜採集些無農藥的天然野生植物會是一件很有趣的活動，飼主們經常採集野花、野草的嫩葉（如蒲公英和幸運草），無毒蕈菇、桑椹、接骨木莓、黑莓、柿子和海葡萄——當然，根據你所在的位置而定。如果你的箱龜飼養在戶外，就盡情地讓野草、苔蘚和所有可食用植物在飼育環境內自由的生長吧。

在商店直接購買的蔬果當然會比罐裝更加新鮮，當你的寵物需要交給寵物保姆照顧時，方便選購的冷凍蔬菜就能在此時派上用場。許多雜貨店供應無刺的仙人掌葉枕和果實，還有一些綠色蔬菜如苦菜、芥菜和西洋菜，水生植物對馬來箱龜來說十分重要，可以在熱帶魚商店或是網路供應商進行購買。箱龜的胃容量有限，所以我會取用植物特別營養的部位來進行餵食，舉例來說，我取用夏南瓜的果皮而非營養成分較少的果肉。了解食物的營養成分對於照顧體重不足或生病的箱龜相當有益，因為這可以讓牠們把所有的熱量和營養都吃進肚子裡。

大多數的蔬菜對箱龜來說都是安全無害的。根莖類蔬菜應該要經過切碎或蒸煮程序，紅蘿蔔只需要切碎，冬瓜和地瓜則是需要在切碎之後，再稍微地蒸煮或微波一下。玉米、無刺的梨果仙人掌（確保所有尖刺都被清除乾淨）和青豆可以選擇生吃或是煮熟後再吃。蔬菜裡富含致甲狀腺腫因子的有高麗菜、青花菜、球芽甘藍和花椰菜，在與其他食材搭配下也可以作為多樣化飲食的一部分菜單。成熟的水果包括櫻桃、蘋果、桃子、草莓、黑莓、葡萄、蕃茄、奇異果、哈密瓜、芒果、木瓜，以及其他大多數水果。

龜糧

現今市售的龜糧已經有購買通路，它偶爾也可以作為箱龜的主食。龜糧的首要成分應為蛋白質，不要使用以穀物澱粉為主成分的龜糧。龜糧本身已經內含維生素和礦物質，因此唯一需要補充的營養素為鈣，餵食前應該要撒些鈣粉在龜糧上。脫水乾燥處理過後的食物，可以稍微和其他蔬果或綠色植物混合，搭配成營養美味的一餐。

雜食性箱龜的飲食表

基礎五大類食材的分量比例和食材項目

動物性食材 分量百分之五十	蔬菜類食材 分量百分之二十	綠色植物類食材 分量百分之十	水果類食材 分量百分之十	菌菇類食材 分量百分之十
水煮雞	橡果南瓜	貝比生菜	蘋果	雞油菌
水煮蛋	甜椒	幸運草	杏桃	簇生離褶傘
市售龜糧	胡桃南瓜	綠葉甘藍	香蕉	草菇
煮熟的瘦牛肉	胡蘿蔔	蒲公英	所有莓果類	羊肚菌
蟋蟀	玉蜀黍	菊苣	無花果	其他種類菌菇
蚯蚓	青豆	野外採集的雜草和樹葉	葡萄	牡蠣
魚	秋葵	羽衣甘藍	奇異果	馬勃菌
蚱蜢	仙人掌葉枕和果實	芥菜	所有甜瓜類	紅菇屬
等足蟲	豌豆	紅葉植物	桃子	雞腿菇
金龜子	南瓜	蘿蔓萵苣	李子	所有市售菇類
麵包蟲	葫蘆瓜	菠菜	蕃茄	
蠶	地瓜	蕪菁		
蛞蝓	黃南瓜	西洋菜		
豆腐	夏南瓜			
蠟蟲				
螬蠐				
大麥蟲				

的小龜可以給予和成龜相似的食材，但是菜品的動物性食材分量必須佔百分之七十五，而蔬果類則必須切得更加細碎，一年之後，便可以轉換成接近動植物食材分量各佔百分之五十的飲食，像這樣的飲食設計可以幫助年幼的箱龜避免因過度的增生率導致甲殼變形。

草食性與肉食性

來自亞洲雜食性箱龜品種（黃緣箱龜和花背箱龜）的餵食計畫與選用食材可以採用先前所敘述的方式。然而，野生的馬來箱龜和鋸緣攝龜主要以草食維生，只能偶爾餵食含動物性要素食物。中國三線箱龜和馬來箱龜為水棲類，主要以稻田和溪流中的生物為主食。水生蝸牛、其他軟體動物及各類水生植物，如水生萵苣、浮萍、布袋蓮、伊樂藻（*Elodea*）和其他水族箱內的植物都能添加到素食菜單上，牠們同時可以在陸地或水中進食——植物和魚類直到被吃掉之前都可以作為生態環境中的一部分。

箱龜最喜歡吃的仙人掌葉枕和果實都含有豐富的鈣質，可以在庫存充足的零售商店裡搜尋購買。

以下條列出各類亞洲箱龜品種的飲食偏好：

黃緣箱龜：雜食性；百分之五十的動物性食材和百分之五十的植物性食材。

花背箱龜：雜食性；百分之五十的動物性食材和百分之五十的植物性食材。

中國三線箱龜：肉食性為主；百分之九十的動物性食材和百分之十的植物性食材。

馬來箱龜和鋸緣攝龜：草食性為主；植物性食材為主食，偶爾添加動物性食材。

肉食性箱龜用餐計畫

中國三線箱龜在攝取大多數含動物性要素的食材中都能適應良好，在每一餐中可以加入少許的植物性食材。飼主為箱龜所準備的動物性食材無法與牠們在野外所攝取到的營養相比；添加一些植物營養會對這些寵物箱龜的健康有幫助，餵食守則就是每餐提供多樣化飲食。

草食性箱龜用餐計畫

馬來箱龜和鋸緣攝龜以草食性食材為主食，並不需要在每一餐當中都加入動物性食材，每三到四餐當中可以添加一些動物性高品質活體食材到菜單裡，像是蝸牛、活蟲子、蚯蚓、小型魚或龜糧，太常添加動物性食材會造成草食性箱龜挑食，在飲食中攝取過量的蛋白質會導致甲殼畸形、腎臟損傷和早歿，正如先前文章所描述的，應該要給予這些草食性箱龜多樣化的植物性食材，馬來箱龜和鋸緣攝龜尤其偏好水生植物和深綠色蔬菜。

餵食頻率

餵食頻率應該依照年齡、健康狀況和季節變換等因素，來決定要多久一次餵食飼養的箱龜，剛孵化的龜苗和幼龜可以每兩天餵一次，健康的成龜一般來說可以每三天餵一次（如果體重不足可以增加餵食次數）。過度餵食可能會導致特定的飲食毛病，當食物放置太多，某些箱龜會單挑自己喜歡的食物來吃，反而在進食的過程中流失了營養，另一方面，大胃王型的箱龜則可能會造成過度肥胖。在歷經數月的用餐計畫之後，你開始學會如何為你的箱龜準備最適合的飲食分量，調整好分量以達到箱龜每次吃完後都只會剩下一丁點。

每隻箱龜都應該有自己的餐盤或放食物的平台，以便能獨立觀察牠們的進食行為。生病的箱龜通常會「沒胃口吃不下」，而膽怯的箱龜則會因為同伴在附近而不敢吃，有些箱龜只願意躲進植物遮蔽下或是空心木裡頭進食。行動不便的箱龜需要特別的照料，比方說親手餵食，眼盲的箱龜可以藉由敲擊的聲響教導牠們進食，或者將盛滿的食物放進小盆，讓牠們利用自身的嗅覺找到食物。

營養補充

主食之外提供鈣質十分重要，這樣一來箱龜可以自行定期吸收這個重要的礦物質，將墨魚骨放置在畜欄裡可以同時提供鈣和微量碘，它會幫助箱龜抑制龜喙過度增生。

除了墨魚骨，應該每週一次在食物中添加鈣質和爬蟲類維生素補充品，鈣質補充的使用上，請注意必須包含維生素 D3 而勿添加有磷的成分，尤其是飼養在室內環境裡的箱龜，維生素 D3 對鈣質的代謝至關重要，當曝曬在 UVB 之下，它會經由箱龜皮膚內的細胞自然形成，避免給予過量的維生素 D3，以免造成藥物過量的傷害。

依據年齡、健康狀況為基準的餵食日程表

如果太常餵食，年輕的箱龜會發育過快，而成年箱龜則有可能過度肥胖。依據箱龜的年齡和健康狀況替牠們設計一個定期餵食日程表。

餵食頻率	二天一次	二至三天一次	三至四天一次	四天一次
年齡	剛孵化的龜苗至一歲幼龜	一至三歲的幼龜	三歲大至成年龜	
健康狀況	體重不足	康復中的病龜		超重肥胖

飲水

在寵物箱龜身上愈來愈常見的一個病徵就是脫水，起因大多為環境內缺乏乾淨的水源，身體缺水會造成無法消化食物和進行代謝排出多餘毒素，必須確保水源不會中斷，在大型淺水盆中放滿清水讓箱龜可以方便地自由進出，由於箱龜也可能會把水盆當成廁所使用進行排泄，必須每天或視需要盡可能地定時更換清水保持乾淨整潔。

進食問題

在箱龜身上經常可見的兩種進食問題：挑食和厭食，這兩種問題可以通過一些餵食小技巧和飼主的耐心加以預防和矯正。

挑食

箱龜有時候會非常挑食，例如只吃麵包蟲，當這種情況發生時，牠們通常會採取「手段」來讓飼主只餵食牠們所偏好的食物。

如果想要矯正這種固執行為，就得逐步地讓牠們的注意力轉向其

缺乏維生素 A

維生素 A 的缺乏通常起因於不當的飲食習慣，
特別是植物性食物攝取的不足所造成。維生素 A 缺乏的症狀有：皮膚乾燥、脫皮、眼睛過量的分泌物和眼結膜腫脹，然而，這些症狀也有可能是其他原因所導致的，如脫水。
維生素 A 的補充要在充分了解飲食習慣的條件下進行，透過注射或是當成保健食品服用，很可能會造成維生素 A 過量的問題，比較好的方式是多吃些植物性食材，藉此改變飲食習慣。深綠葉植物、黃橘色蔬菜和一些水果當中存在的 β - 胡蘿蔔素含有豐富的維生素 A，在某些深海魚類和動物內臟中也有發現，偶爾在食物裡滴點魚肝油也會有所幫助。

墨魚骨能提供箱龜的鈣質補充，並讓牠們持續修磨龜喙。

他食物，並戒掉原先偏好的食物。舉例來說，如果你的箱龜只吃麵包蟲，採取下列方式：將 1/4 杯（約 60 毫升）含有切碎的地瓜（煮熟或攪拌成泥狀）、蘿蔓萵苣和草莓，混入十二至十六隻麵包蟲，箱龜或許只會從裡面挑出麵包蟲來吃，或者用鼻子聞了聞之後掉頭離開，這種情況下，絕對不能在第二天重回只有麵包蟲的老路，相反地，下一頓照舊是混合餐，直到箱龜開始進食，之後逐步減少麵包蟲的分量並加重其他食物的比例，藉由每餐更換菜單上的食物選擇來避免挑食問題產生。

厭食

箱龜拒絕進食的原因有很多，以下這些行為可以幫助刺激牠們的食慾。檢查環境的溫度和濕度是否保持在最適區間，將溫度稍微調高一些看是否能促進食慾，你也可以試著在餵食前往牠身上噴水來模擬下雨——野生箱龜在暴風雨過後會特別有食慾，增加一些新的食材，又或者準備一隻爬蟲類愛吃的乳鼠。如果箱龜飼養在室外，太過炎熱或乾燥的天氣也會造成牠們沒有胃口，此時試著將環境灑水降溫，入秋之際也會讓牠們感到食慾不振。如果數周之後食慾依舊沒有恢復，也不是室內外環境的問題導致牠們厭食，請將箱龜送去給獸醫檢查以排除其他健康問題，雖然箱龜能在冬眠期間不吃不喝長達數月，但是如果絕食狀況發生在平時活動期間，會對長期的健康造成影響。

第五章

箱龜的健康照護

箱龜是種很強壯的寵物，如果將牠安置在舒適的居養環境並給予完善的飲食幾乎不太會生病。然而，不當的照料會引發壓力和情緒緊張，同時也會降低這些爬蟲生物的免疫力，在這種情況下，細菌、病毒、真菌和寄生蟲就會趁虛而入藉此攻擊箱龜，與治療病龜同等重要的事則是找出潛在的病因並且加以預防。本章節會幫助你認識疾病徵兆，判斷什麼情形下你可以自行治療你的箱龜，什麼時候必須尋求獸醫的專業建議，你也將會學到合宜的照料方式以避免這些疾病的入侵和復發。

缺乏經驗的箱龜飼主，可能會難以分辨正常行為和因潛伏或已感染的病徵之間的差異。在野外，虛弱的箱龜很容易被掠食者盯上，因此牠們會試圖掩飾自己虛弱的症狀，擁有認知正常行為的能力可以幫助你察覺行為出現變化。細心觀察是維持箱龜健康的真正訣竅，仔細留意你的箱龜在進食、曬背、泡澡、爬行、游水，以及與周遭環境互動時的行為，當上述行為出現變化時，可能就是生病的徵兆。網路資源能將你和其他經驗老道的飼主連接在一起，分享彼此的經驗和提供寶貴的建議。

獸醫

正如同家貓家犬一樣，寵物箱龜在被帶回家的頭一天和之後的每一年，都應該接受獸醫的專業檢查，對於那些剛被捕獲的野生亞洲箱龜來說更有其必要性。在經歷了從牠們國家的原生地被捕捉、營養不良和長時間托運的壓力，這些亞洲箱龜通常都十分虛弱，且身上帶有大量寄生蟲，有必要對牠們進行長時間且侵入性的醫學治療，以便清除內寄生蟲或細菌的感染，所有野外捕捉來的亞洲箱龜品種必須經過長達十二個月的檢疫期才能加入被飼養的行列。

找一位熟知箱龜或治療過爬蟲類動物的獸醫，測量體重和體型等生命征象並加以紀錄，對於年紀較大的動物進行糞便和血液檢查，以查明你的寵物健康狀況。獸醫會詢問飼主一些像是飲食、飼養環境、濕度、熱度和光照之類的相關問題，假如你的箱龜在之後生了病，獸醫就能對照先前所做的醫療病史。根據你所在地的政府立法，飼主們會被要求簽署各州或是聯邦文件以取得飼養箱龜的許可，某些州如今要求將動物晶片

每年最好帶著你的箱龜去找爬蟲專科獸醫進行一次健康檢查。

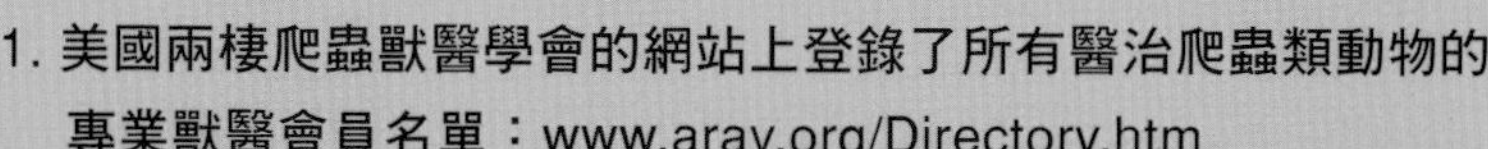

五種方法去尋找一位爬蟲類獸醫

1. 美國兩棲爬蟲獸醫學會的網站上登錄了所有醫治爬蟲類動物的專業獸醫會員名單：www.arav.org/Directory.htm
2. 打電話給你附近的動物員，和負責爬蟲類動物區的飼育員通話，詢問負責照顧園內爬蟲動物區的獸醫名單。
3. 加入箱龜社團或是爬蟲動物協會，會裡的成員會幫忙推薦專業的爬蟲類獸醫，你可以在以下網址找到一些社團的名單：www.anapsid.org/societies
4. 加入網路社群，經由電子郵件討論區和來自全世界的箱龜愛好者分享彼此的經驗和知識。World Chelonian Trust 在其網站上 www.chelonia.org 有社群討論；其他的網路社群也可以在 www.groups.yahoo.com 搜尋到。
5. 聯絡當地州政府的野生動物保育部門或野生動物救援協會，詢問負責治療受傷或生病爬蟲類動物的獸醫名單，打電話至州政府辦公室就能轉接到州政府野生動物保育部門。

植入原生箱龜體內以協助禁止非法飼養。

何時去看獸醫

即便是最吹毛求疵和小心翼翼地的飼主偶爾也會去趟獸醫院，特別是在箱龜們需要一位合格的爬蟲類獸醫的專業建議和協助的時候。最專業和最有愛心的爬蟲類獸醫都在美國兩棲爬蟲獸醫學會，簡稱 ARAV，在他們的網站 www.arav.org 上面登錄了所有的獸醫會員名單。

許多醫療問題以及最具侵入性的治療不能由飼主本身來操刀，用藥類型和處方及治療管理說明應該要交由你的獸醫來給予專業建議。你的獸醫應該要對你的箱龜進行每年一次的定期檢查和冬眠前檢查，並且在州法或聯邦法所要求的表格上簽名，如果你的箱龜要進入冬眠，夏末和初秋是替箱龜檢查的最佳時機，你的獸醫可能還會安排糞便及血液檢查，以確認是否有內寄生蟲。

疾病的第一徵兆

不正常的行為（例如：爬行和太常泡澡等）
食慾不振
腹瀉
深綠色帶有惡臭的糞便或尿酸鹽
來自鼻孔或嘴巴的液體分泌物
眼瞼腫脹或時不時閉眼

箱龜急救方法

一些較為常見或是對箱龜不具生命威脅的小毛病可以由飼主自行治療，替你的箱龜準備一個在緊要關頭方便取用的急救包，其他一些更為棘手的問題，就需要由更有經驗的飼主著手治療，如果你是新手或是有任何的疑問，請立即請教專業獸醫的建議。

醫療缸

醫療缸就是一個簡單的小型室內飼育箱，可以讓飼主在裡面為生病或受傷的箱龜進行治療和觀察。利用一個 20 加侖（76 公升）、30×12×12 英吋（76×30×30 公分）體積大的玻璃缸，或是一個體積約 31 加侖（118 公升）的大型塑膠桶，醫療缸要有足夠的空間讓箱龜感到舒適，但是不能太大，以方便控制溫度和濕度，如果你使用的是透明玻璃缸，在缸的四周貼紙遮蓋讓箱龜看不到外面。取一條厚實乾淨的

爬蟲專用急救包物品

彈性膠帶
聚氨酯薄膜黏性膠帶
抗菌溶液如優碘或葡萄糖氯已定
乾淨毛巾
醫用棉花紗布
紗布劑
珠寶用放大鏡以檢視傷口
大型趾甲剪
滅菌手套
鋒利剪刀
小鑷子
裝滿蒸餾水的擠壓瓶用來沖洗傷口或眼睛
止血粉或玉米澱粉用來止血
安那膚軟膏
自黏性繃帶
各種尺寸的防水繃帶

毛巾作為舖墊，將報紙碎片舖疊在缸的另一邊作為躲藏區，如果你的箱龜沒有任何外傷，你就可以用潮濕的泥炭蘚取代毛巾和報紙碎片，在泥炭蘚上放置一個防水的躲藏箱。

在醫療缸上方放置一個 UVB 燈具，一天照射十二個小時；如果你的病龜正處於冬眠期，則將時間調整為一天照射十四個小時。在醫療缸的另一邊放置一個淺水盆，並且頻繁地更換清水，在水盆的上方架設一盞 75 瓦的加熱燈，將水盆這一側的溫度保持在華氏 85 度（攝氏為 29.4 度），而另一側躲藏箱周邊的溫度則維持在華氏 75 度（攝氏 23.9 度），假如有需要的話，利用不同高低瓦數的燈泡來調整最合適的溫度。電子溫度計的擺放位置與箱龜同高，如果夜間溫度降至華氏 75 度（攝氏 23.9 度）以下，則請在醫療缸的一側加裝一盞紅外線加熱燈。如果箱龜有開放性的傷口，則必須在任何一種醫療缸的上方開口安裝紗網以防蚊蟲入侵。

碎報紙舖墊和毛巾必須每日更換（泥炭蘚墊材則是要經常沖洗乾淨），使用報紙碎片舖設的墊材僅能提供醫療缸內少許的濕度，因此讓箱龜每天在溫水中浸泡（浸泡深度為蓋過半個身子）就變得十分重要。如果箱龜使用了抗生素，則一天要浸泡兩次，許多的抗生素的副作用都會對腎臟造成負擔，充足的水分吸收能夠幫助清除體內毒素。

每天觀察你的箱龜，檢查是否有出現任何疾病症狀。圖為黃緣箱龜。

外傷

請經常檢查你的箱龜，特別是在戶外飼養或是住在混養環境中的箱龜，箱龜之間，尤其是作為競爭對手的雄龜和特別具攻擊性的水棲類亞洲箱龜，會彼此撕咬和抓傷。在皮膚

需要由獸醫治療的五種最常見疾病

1. 眼部感染：起因為細菌感染或是維生素 A（視黃醇）不足
2. 內寄生蟲：起因為各類微生物
3. 中耳膿腫：起因為營養不足引發的細菌感染
4. 甲殼腐爛：營養不足引發的細菌或真菌感染
5. 上呼吸道感染：起因為細菌或病毒入侵

和甲殼上的細微傷口可以先用急救包中的藥物進行治療，使用像是葡萄糖酸氯已定或是稀釋過的優碘（優碘和水的比例為 1：10）之類的消毒劑，將皮膚和甲殼上的傷口徹底清潔乾淨。使用放大鏡檢視傷口，看看是否有碎片卡在傷口裡面，用紗布和帶保護好傷口周邊（自黏性繃帶、Band-aid 的 OK 繃或 New Skin 的繃帶），如果傷口面積很大，把戶外飼養的箱龜放到有紗網的醫療缸中，阻止蒼蠅在傷口上產卵。在紅腫或久久不癒的傷口上塗抹厚厚一層的安那膚軟膏，每天清理傷口和塗抹藥膏直到傷口完全癒合，如果傷口過深或是被貓狗所咬傷，請帶去給獸醫治療。

外寄生蟲

戶外飼養的箱龜很容易接觸到無脊椎動物，牠們當中有一些會依附在箱龜身上成為外寄生蟲。恙蟲、蟎、蜱、五穀蟲、水蛭、蚊子，以及其他像是火蟻和馬蜂之類的寄生蟲，牠們都給箱龜帶來相當大的麻煩。最讓人擔憂的是有些寄生蟲會將細菌和病毒傳染給宿主，蚊子攻擊頭部、眼睛、肛門和盾板邊緣來吸食宿主的血液，在這個過程中就有可能將病毒傳染給宿主。

火蟻（*Solenopsis invicta*）對箱龜和其他地棲動物來說是最具威脅的生物，這些外來生物已經殺死了許多剛孵化的龜苗甚至是成龜。箱龜在遭受到火蟻攻擊時會將甲殼閉合並且靜止不動，但是這反而讓火蟻更蜂擁而上摧殘這些可憐的倒霉鬼，在牠們對箱龜造成危害之前，按照飼養環境章節中對付火蟻的方法來消滅這些害蟲。

水棲類箱龜如果是放置在戶外飼養會接觸到水蛭，必須做定期檢查，室內飼養的箱龜也無法完全避免遭受外寄生蟲攻擊，因為這些害蟲仍會經由其他寵物或是飼育箱裡的擺設（如樹樁或岩石）傳播而寄生。

戶外飼養的箱龜會有接觸寄生蟲的風險。圖為中國三線箱龜。

蟎和蜱 戶外環境裡的蟎出沒通常不會造成太大問題，如果你發現牠們的蹤跡，先將土壤翻鬆，讓表層土壤曬乾個幾天再舖上一層新的表土即可。要是在室內環境中有大量的蟎滋生就會是非常嚴重的問題，特別是如果你還同時飼養蛇和蜥蜴的話。如果蛇蟎（*Ophionyssus natricis*）在室內大舉入侵，撤換所有的墊材和植物，用煮沸的熱水和肥皂將飼育箱和所有擺設徹底消毒清潔，包括塑膠類裝飾植物、缸罩、躲藏箱和水盆等，蟎會在飼育箱的內部四處產卵，因此請在一星期之內重複上述清潔過程多次，直到蟎被完全消滅。

蟎的外形看起來就像是在眼睛四周或皮膚上積聚的深色小斑點。用軟毛牙刷和加了溫水的抗菌液，輕輕刷洗箱龜的甲殼和其他身體部位，你可能需要重複多次刷洗才能去除蟎，眼部的治療方法則是在眼睛周圍塗上一層厚厚的抗生素軟膏。如果你打算使用市售殺蟎藥，請選擇對龜類無害的產品，百滅寧除蟎劑一般而言對箱龜無害，成分含有伊維菌（ivermectin）素的殺蟎藥對箱龜十分危險且有潛在致命的可能，必須禁止使用。成分含有機磷酸鹽的除蟲產品可能帶有毒性，如果使用不當，或是用在未發育成熟或小型箱龜身上，可能會對健康造成傷害，不管使用哪一種殺蟲劑都請遵照產品使用說明來使用。

蜱和水蛭會利用嘴部的餵食管和口器吸盤，將自己吸附在箱龜的皮膚上，定期檢查箱龜身上是否存在這些寄生蟲，特別是在腿部和脖子下方。蜱的餵食管口器很強壯，但是針對定點施壓還是能夠拔除，用手指或除蜱夾捏住蜱的胸甲（位於頭部後方、腹部上方的身體部位）並用力拔出，檢查看看蜱的頭部是否仍舊連接著身體，如果頭部依舊吸附在箱龜皮膚上，可能會引起感染，此時應把箱龜帶去給獸醫診治。

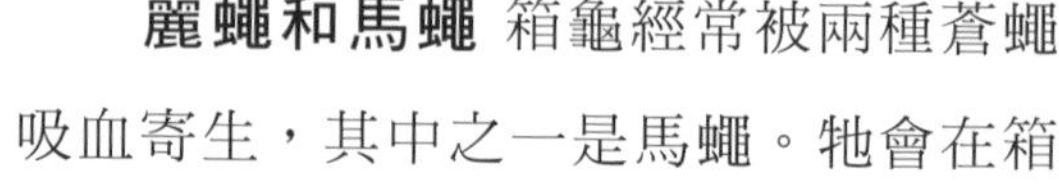

麗蠅和馬蠅 箱龜經常被兩種蒼蠅吸血寄生，其中之一是馬蠅。牠會在箱龜的皮膚上產卵，特別是在脖子和腿部的地方，卵孵化出的蛆會咬出傷口深入箱龜的皮膚內，牠們躲在皮膚內吸食宿主的血肉，然後開始養大變肥，其結果就是皮膚上處處可見紅腫和硬塊。通常在腫塊的頂端會有一個看得見的開口小洞，當蛆蟲準備孵化成蛹時，牠們會從洞口鑽出，掉落地面，孵化為成蟲，然後開始在另一個宿主身上繼續周而復始的循環。從宿主身上的腫塊可以拔出數十隻甚至更多的蛆蟲。

馬蠅為侵蝕箱龜的寄生蟲之一。馬蠅的蛆會在箱龜皮膚上咬出一個洞並鑽進去，交由獸醫將蛆完全清除乾淨是最好的治療方式。

一些有經驗的飼主會自行切開腫塊，但是最好的方式還是讓獸醫來清除馬蠅蛆蟲。獸醫通常會在患部塗抹麻醉藥膏（通常為利多卡因軟膏）來減輕切除傷口的疼痛，然後以優碘溶液將蛆蟲趕出，可能還會同時使用抗生素藥膏以防止二次感染。

箱龜鈣質攝取不足或是沒有吸收足夠的紫外線會發育成畸形殼；圖為一個在正常大小甲殼（雖然這隻正常大小的箱龜也有腐甲現象）旁邊的極端例證。

箱龜還會受到麗蠅和肉蠅（如 *Lucilia sericata* 和 *Cistudinomyia cistudinis*）的侵害，牠們能聞到血腥味和組織壞死的腐味，並迅速地在所有開放性傷口上產下大量的蟲卵，一旦孵化成蛆便立刻開始大啃血肉，這種情況一般稱為蠅蛆病或蠅襲。飽受痛苦折磨的動物可能會因為失血過多而死，最重要的就是將受傷的箱龜放進頂部裝有紗網的醫療缸中，以隔絕蚊蠅的侵擾。

畸形殼

成年箱龜每年的成長速度十分緩慢，因此很難察覺到甲殼的變形。然而，如果正處於積極成長階段的箱龜，卻沒有得到均衡的飲食、合宜的溫濕度和充足的光照，很可能會快速引發嚴重的畸形殼。缺乏 UVB 照射、維生素 D3、鈣質和其他營養素攝取不足，或是內臟器官病變，都會造成代謝性骨病（MBD），箱龜罹患代謝性骨病會導致甲殼不是軟化就是向內萎縮凹陷，最終，器官開始衰竭。

與受到良好照顧的箱龜相比，罹患代謝性骨病的箱龜，其壽命會大幅度縮水。箱龜應該要能充分地沐浴在自然陽光或全光譜燈管下，居住在寒帶氣候的飼主，可以在較為溫暖的月份，將箱龜放置到臨時的戶外飼養環境。製作一個在日間有安全防護的臨時戶外畜欄，讓箱龜能曬曬太陽活動筋骨，如果無法曬到太陽，則要給予箱龜含有維生素 D3 成分的鈣質補充，箱龜也需被飼養於 UVB 光照下。有充足的日照和均衡的飲食，才能讓箱龜獲得最好的生活品質，並預防代謝性骨病的發生。

飼育箱內的濕度過低或是過量的蛋白質消耗，會導致箱龜隆背、甲殼變厚和緣盾捲曲上翹，如果你發現了這些症狀，就必須重新評估改善箱龜的日常飲食和環境設施，甲殼變形的症狀正是告訴飼主你的飼養方式出錯了！

增生的腳爪和龜喙

箱龜的龜喙和腳爪是由角蛋白所組成，它們會在箱龜這輩子當中不斷地生長。野生箱龜會透過行走在粗糙的地面、咀嚼生硬的植物，以及撕咬蟲肉骨殼來磨損牠們的龜喙和腳爪，家養的箱龜沒有太多這種自然磨損的機會，其中一些箱龜可能會出現畸形腳和進食困難，對飼主來說，重要的就是找出讓箱龜的腳爪和龜喙能夠磨損到合適長度的方法。每個月給箱龜提供一次活體食物餐是個不錯的主意——藉由用力咀嚼蟲骨能夠有效磨損龜喙，且活體昆蟲的內臟含有額外的營養。放置墨魚骨是另一個用來磨龜喙的好方法，利用平坦堅硬的石頭和磚塊作為餵食區也能起到相同的作用。

過度增生的龜喙要交由獸醫治療，要預防此種情況發生，可以讓箱龜時常咀嚼大塊的墨魚骨。

新手飼主要等到看過獸醫親自示範修剪龜喙的過程之後，才可以動手替你的箱龜修剪增生的龜喙。磨整龜喙只能使用高速旋轉銼刀的器具，增生的龜喙通常十分乾硬，使用趾甲鉗可能會造成斷裂，如果裂紋延伸至上顎或鼻腔會形成嚴重傷害。萬一上述情況發生，須將

即早治療——避免日後花冤枉錢

箱龜和人類一樣，早期預防和治療可以避免病情惡化和多餘的花費，舉例來說，如果在第一時間發現箱龜有流鼻水的症狀，通常只要簡單地提升飼養環境的濕度和溫度就能解決問題。利用觀察日誌將箱龜出現不正常行為和症狀的日期時間全都紀錄下來，舉例來說，像是過度的步行、挖掘，或是長時間泡澡、流鼻水、眼睛浮腫、體重減輕和腹瀉。定期檢查箱龜的糞便、髒汙的水盆和食物殘餘的分量，測量體重、觀察甲殼形狀、皮膚、嘴巴、眼睛和肛門有無任何異狀。萬一箱龜生病，提供上述這些資訊給獸醫參考至關重要，如果你發現任何異狀，立即將病龜與其他箱龜隔離以免交互傳染。

箱龜立即送醫治療，獸醫會先用鋼絲將龜喙綁緊，接著在裂紋上方使用一層玻璃纖維或甲基丙烯酸甲酯加以固定。

過長的腳爪可能會卡在裂縫當中而將腳趾連帶一起撕扯斷裂，嚴重的情況會導致箱龜無法正常爬行。要讓箱龜適度地磨損過長的腳爪，可以讓牠們在粗糙的地面上來回活動，或是用趾甲鉗或高速旋轉銼刀來修剪。當趾甲不健康、過於乾澀或脆弱時，只能使用高速旋轉銼刀來進行磨整，趾甲鉗會造成趾甲內部斷裂，進而導致大量出血和細菌感染。

修剪時請務必小心避免傷到趾甲內的嫩肉，在背光情況下，趾甲嫩肉為不透光的黑色部位，以此作為辨識，如果不小心剪到趾甲嫩肉，箱龜的趾甲會滲出鮮血並感到十分疼痛，此時用止血粉快速止血。過長的趾甲通常也伴隨著過長的嫩肉，在這種情況下，在不傷到嫩肉的情況下盡可能的定期修剪趾甲，每隔幾週就修剪一次，直到趾甲長到合適的長度。

絕食

箱龜向來以絕食聞名，牠們會為了各式各樣的理由挑食，甚至是厭食，某些是疾病上的原因，但絕大多數都是和飼養方式有關。箱龜需要在舒適、具安全感，且認定這些食物為可食用的情況下才會願意進食，

圖為一隻趾甲過度增生的箱龜。要定期檢查箱龜的趾甲並修剪到適合的長度。

喪失了對營養食物的好胃口，箱龜會被營養不良和疾病擊垮。要避免產生進食問題，必須慎重評估並矯正所有不良的飼養管理細節，如果問題持續存在請尋求獸醫協助治療。

箱龜雙眼緊閉 箱龜在閉眼的情況下是不會進食的，箱龜如果閉眼或眼睛凹陷，則有可能是環境濕度不足或身體脫水所引起。將箱龜浸泡在溫水中，深度不超過半個身子，如果此時眼睛重新張開，升高濕度並給予更多或更容易取得的乾淨飲水和泡澡機會。使用在電器用品店或寵物店都能買到的電子溫度計和濕度計，將它們設置在與箱龜同高的飼育箱內，測量環境內的溫度和濕度。為了促進食物的消化吸收，箱龜的核心體溫應該要在華氏 75 度至 80 度（攝氏 24 度至 27 度）之間，視箱龜品種而定。

如果閉眼問題沒有改善，檢查是否為環境內的底材材質導致眼睛刺激，不要使用雪松和松木材質的舖墊，因為它們會釋放具刺激性的芳香物質，對肝臟造成長期性損傷。水棲類箱龜對汙水過敏，要將水質充分地過濾，並且定期更換清水保持乾淨的水源，pH 值要在 6 到 7 之間。某些眼部問題與呼吸道感染或缺乏維生素 A 有關，需要立即交由獸醫治療。

箱龜突然停止進食 秋冬的寒冷氣溫會造成箱龜停止進食，驟降的低溫和日照時數縮減是箱龜將要進入冬眠的訊號，即便生活在人工控制環境裡的室內箱龜，也會意識到季節的轉變而開始減少進食。為了防止這種情況，升高溫度和濕度來創造類夏日環境，並將兩種光源（加熱燈和UVB）的照射時間調整為一天十四個小時。整個寒冬盡可能準備多一些的活體食物來刺激食慾，箱龜也和人類一樣，會對單調重複性的食物提不起興趣，參照飲食章節內的進食計畫表來為箱龜準備多樣化的食物過冬。

還有得救

如果你發現一隻看上去像是溺死在水裡的箱龜，請記住這些小動物的缺氧耐受力遠超過哺乳類和鳥類生物，事實上你很有機會可以把牠們從鬼門關前拉回來。當抬起箱龜後腿進行推拉動作時，把箱龜頭部往下傾斜，這樣可以幫助把水從肺部排出以及送入新鮮空氣，持續這個動作至少十五分鐘，千萬別輕易放棄。

新龜不進食 新到家的箱龜有可能因為緊張而不會立即進食，新龜通常要儘快地送去給獸醫排除所有健康上的問題，帶回家之後，也要給新龜一段時間適應。如果將新龜放置在戶外，你可以將食物擺放在石檐底下或灌木叢中，把食物放好，然後離開讓牠們安穩地進食。如果是在室內，把小盒子的一邊裁剪出一個門，把盛好的食物碟放進門內，這樣會讓新龜可以放心大膽地吃飯。有時候可以拿著一塊煮熟的雞肉，慢慢地放到箱龜面前吸引牠咬上一口。

缺乏維生素和礦物質

箱龜需要多種維生素和礦物質，包括鈣質、維生素 A、D3、C 和維生素 B 群；鎂、硒和碘。這些大部分都能直接在新鮮多樣化的飲食中獲取，食物裡頭像是全隻活體昆蟲、高品質蛋白質、新鮮蔬菜、水果和專用龜糧都能供應這些營養素，為了保險起見，你還可以每週使用一次高品質維生素營養錠。在圍欄裡放幾片墨魚骨讓箱龜咀嚼以增加鈣質吸收，尤其是懷孕的雌龜更加需要補充，鈣質補充品不能含有添加磷的成分，因為在其他大多數食物裡都已包含此種礦物質，食物裡鈣與磷的比例應為 2：1。

腸道嵌塞

箱龜罹患腸道嵌塞是極為頭疼的毛病，一隻箱龜如果整整一週都沒有腸胃蠕動的跡象，或是出現使勁排便的情況，就極有可能是腸道嵌塞。這種症狀不同於便秘，雖然長期便秘也可能會導致腸道阻塞。吃進無法消化的物質應該是主要原因，不過也有可能是寄生蟲感染所引發的問題，寄生蟲會造成胃腸穿孔，此時要立即送醫治療。

造成箱龜腸道嵌塞通常是因為意外誤食墊材或卵石，或是吃進有著堅硬外骨骼的昆蟲，環境溫度過低也會阻礙胃腸收縮消化的能力。不管是什麼原因，過與不及的腸胃蠕動都會引發更嚴重的健康問題，腸道嵌塞的箱龜很容易形成器官脫垂。

如果懷疑是腸道嵌塞，連續幾天都將箱龜浸泡在溫水中（深度為足以覆蓋泄殖腔），可以一天浸泡多次。試著用滴管在箱龜最喜歡的食物上，或是直接在箱龜的嘴巴裡，滴上數滴沙拉油或維生素 E 油，又或者你可以使用貓用化毛膏，它能吸附住異物並將其排離腸道。如果一週之內自行在家治療失敗，箱龜依舊無法順利排便，就要請獸醫協助治療。

直接在底材上餵食箱龜會導致腸道嵌塞，最好的方式是放在盤子裡或類似的物品上餵食。

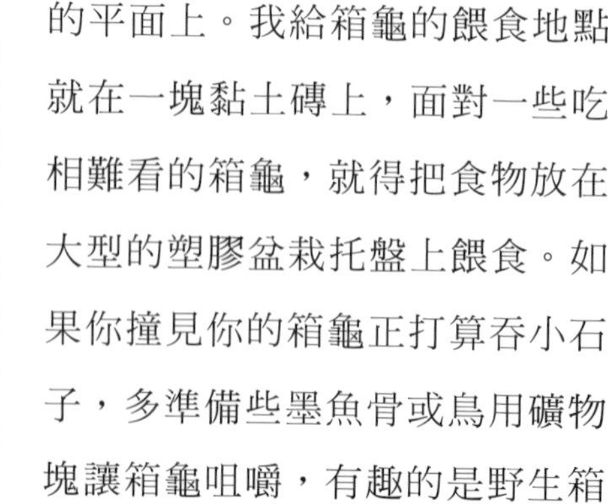

為了避免腸道嵌塞，不要將食物直接擺放在墊材上餵食，而是改放在堅硬的平面上。我給箱龜的餵食地點就在一塊黏土磚上，面對一些吃相難看的箱龜，就得把食物放在大型的塑膠盆栽托盤上餵食。如果你撞見你的箱龜正打算吞小石子，多準備些墨魚骨或鳥用礦物塊讓箱龜咀嚼，有趣的是野生箱龜的 X 光片顯示牠們的腸胃裡都有小卵石，不管是有意或是無意，那表示在腸道裡有小石子還挺正常的。真正的危險在於當腸道因為低溫、缺乏運動，或是食物中的纖維素不足，而使得腸胃蠕動緩慢無法順利將石子排出體外。

嚴重的健康問題

當然，不是所有箱龜身上的疾病或傷口都能交由飼主處理治療，在接下來這部分所涵蓋的健康問題是較為嚴重的症狀，一經察覺就必須儘快送醫救治。

呼吸道感染

當箱龜出現免疫力下降的時候很容易引發呼吸道感染（又稱為鼻水症候群 RNS），一般症狀為口鼻流出分泌物，嚴重的情況下會轉移至肺部引起肺炎。許多喜歡趁虛而入的細菌和病毒會造成箱龜呼吸道發炎，病徵包含動作吃力、張嘴呼吸並伴隨著口鼻流出來的膿稠黏液、肺部充滿氣泡、嘎吱作響或發出刺耳的聲音。如果是放置在戶外飼養的病龜，將牠放進室內的醫療缸，病龜應該立即與其他寵龜隔離以減少 RNS 的病菌散播。由於有肺炎的潛在威脅，仍建議立即送去獸醫院治療。

有些獸醫可能會從鼻腔中採集分泌物黏膜培養，以決定使用哪一種抗生素治療最有效。絕大多數的病例，獸醫會開立廣效抗生素，像是恩氟奎林羧酸（enrofloxacin）或頭孢他啶

傷寒瑪莉病龜

絕不要把寵物龜放生回野外，即便牠們看上去健康強壯，牠們依舊有可能是病毒或細菌的帶原者，而使得野生箱龜數量大幅銳減。*Mycoplasma agassizii* 是曾經屠殺過許多野生沙漠陸龜的元凶，這種病菌就是透過被飼主放生的感染病龜，與野外沙漠陸龜接觸傳染而散播病毒。

（ceftazidime）。在注射完最後一次抗生素之後的一週內，要將病龜每日浸泡在溫水中數次，這樣做可以在身體水分代謝不良的狀態下，幫助病龜將抗生素治療所產生的副作用毒素排出體外，以免對腎臟造成二次損傷。

Mycoplasma agassizii 是一種會導致上呼吸道疾病（URTD）的細菌，最初的病例是在沙漠陸龜身上所發現，在箱龜身上也出現類似的病例；發病症狀為嚴重流鼻涕、眼瞼腫脹和厭食。雖然箱龜可以通過抗生素治療和在家休養慢慢痊癒，但是要謹記病原體是永遠無法被消滅，不當的飲食和不良的飼養環境，會削弱箱龜的免疫力讓 URTD 疾病再度現身。

罹患呼吸道感染的病龜會食慾不振最後演變成厭食，依據獸醫給你的建議，病龜可能需要藉由胃管強制餵食，獸醫會先在前面幾次親自示範如何使用胃管，並訓練你如何避免把食物誤送到肺部，但獸醫仍會依據復原情況選擇親自動手。專為雜食性爬蟲動物設計的流體食物已經上市，可以作為生病時的長期營養補品。如果協助餵食需要持續好幾個星期，建議可以使用食道餵管——即為插入食道的外科用導管，使用食道餵管的優點為降低食物誤傷器官或是誤入呼吸道的風險，並且減輕病龜嘴巴被強行掰開餵食的壓力。

有時從箱龜鼻子流出來帶小氣泡的清澈鼻水並不一定就是細菌或病毒感染所造成的，低溫、低濕、汙濁的墊材，甚至是內寄生蟲作祟，都會引起流鼻水症狀，這時獸醫能幫助你查明引起鼻水症候群（RNS）的真正原因。

病毒感染

隨著龜類在動物園、繁殖場，以及愛好者的大力育孕繁殖之下，有愈來愈多的病毒傳染案例出現在龜類身上，其中一個病毒感染的例子就是疱疹病毒。受到此病毒感染的是綠蠵龜（*Chelonia mydas*），感染病徵為身上及內臟器官出現病變和腫瘤，雖然這種病毒的成因尚不清楚，但是比起其他已經公布的原因，感染源頭更有可能是來自大型共用

五種幫助你家病龜的方法

1. 將病龜放進醫療缸中。
2. 增加白晝與夜間週期兩者的溫度，比最佳生理活動溫區（POTZ）高出華氏五度（攝氏三度）。
3. 在注射型抗生素藥劑的使用上，完全遵從獸醫的指示和治療方式。
4. 將病龜浸泡在溫水或嬰兒用電解質溶液中，持續一天數次。
5. 提供充足的全隻活體食物和健康的蔬菜以刺激食慾。

池內孵化龜苗的過程中，無意間將病毒散播給其他水龜所致。某些席捲整個箱龜群的不明疾病或許皆是由類似的病毒所造成，如果你飼養了一大群烏龜，切記勿將牠們全部集中在一個大型畜欄裡，如果爆發了病毒疫情，隔離的環境能夠有效阻止疫情擴散。絕不可將不同品種比如閉殼龜屬和北美箱龜屬混養在同一個飼育環境內，對某些箱龜無害的疾病有可能會要了其他品種箱龜的小命。

海龜敗血性皮下潰瘍病（SCUD）

甲殼腐爛（SCUD）是一種很嚴重的疾病，它會造成甲殼永久性的損傷，如果沒有在症狀出現時即時得到控制，甚至會導致全身感染。甲殼腐爛是由伺機性病原體所引起，對飼主而言的關鍵詞為「伺機型」，飼主必須提高警覺預防飼養管理上的任何失誤，尤其是髒亂的環境會抑制箱龜的免疫系統，並提供細菌和真菌一個繁殖溫床。舉例來說，如果水棲類的馬來箱龜和中國三線箱龜被飼養在乾燥的環境內，牠們的甲殼會乾裂而變得易碎脫落，這時細菌或真菌就會伺機進駐並大量滋生。使用抗菌肥皂將甲殼上所有的擦傷和裂口消毒乾淨，並且隨時留意甲殼腐化的跡象。

細菌感染會形成「濕」腐甲，而真菌則會造成「乾」腐甲，兩者也可能同時出現。濕腐甲的症狀是盾板角質鱗片軟化、鬆脫，且周邊發出難

圖為一隻感染甲殼腐爛的箱龜。這種嚴重的病症來自粗劣的飼養管理，或是掠食者啃咬之後所引發的感染。

聞異味。乾腐甲則是會讓發病部位的甲殼凹陷、碎裂，以及因真菌啃蝕角蛋白形成的白化。一旦開始腐爛，就會蔓延並擴大傷口範圍，如果放任不管，腐甲會滲透到箱龜全身部位引發敗血症或全身性的感染。

立刻將箱龜送醫治療，因為甲殼損傷的實際狀況可能會比肉眼所見更為嚴重。獸醫可能會進行傷口細胞組織切片檢查，並製作細菌培養以確認病因，檢驗結果會決定治療及用藥方針，並提醒飼主在飼育管理上的注意事項。

腐甲的治療通常較為複雜，尤其是在未能及早處理的情況下。獸醫會先清除鬆脫的甲殼和壞死組織，接著將所有受感染部位徹底清理消毒，根據所感染的細菌種類開立抗生素或抗菌乳膏。這將會花費數週時間來清理感染部位，飼主也會被要求參與後續的協助治療，包含檢查甲殼是否有出現新的腐化現象、持續清除鬆脫的甲殼和壞死組織、使用抗菌液和牙刷清理傷口部位並配合藥物治療。治療期間，將病龜安置在醫療缸內以幫助維持傷口的清潔，水棲類病龜可以安置在沒有底材的「乾淨」水族箱內，水溫設為華氏 80 至 84 度（攝氏 27 至 28 度），並設置一個無底材的高架平台。架設在曬背區的加熱燈，溫度請維持在華氏 85 至 89 度（攝氏 30 度至 32 度），並在上方加裝 UVB 燈管。

耳膿腫

箱龜頭部的單側或兩側出現腫塊時，有可能是中耳感染的徵兆。當感染源發生在此部位時，耳管內部聚積過多的膿塊會導致鼓膜鱗片向

外腫脹——烏龜和其他爬蟲類都缺少能將膿塊溶解的酵素酶，如果耳膿腫破裂則可以看見乳酪狀的白色濃稠物質。

這些膿腫會逐漸變大而讓箱龜感到極度不舒服，此時急需要由獸醫治療。如果問題能及早發現，使用全身性抗生素或許能起到一定作用，但是大多數病例還是需要在膿腫部位動個小手術。手術之前需進行局部麻醉，或者最好是全身麻醉，首先獸醫會在鼓膜鱗片上劃出十字切口，使用生理食鹽水或抗菌液灌洗耳道將膿塊清除乾淨，多數情況下傷口無需縫合，以助於耳道液體的排除，獸醫可能會開立抗生素治療，手術完後，應將病龜放置在醫療缸內直到牠完全康復。目前已經從耳膿腫中取樣培養出 *Pseudomonas* 屬，但是通常膿液裡並沒有大量細菌，目前尚未發現任何單一種病原菌是造成耳膿腫的載體，因此，很可能細菌並非為主要成因，而僅僅是個伺機性病原體。

箱龜身上的耳膿腫通常起因於溫度控制不當或維生素A缺乏。

如果處在低溫、潮濕的環境下，不論室內或戶外飼養的箱龜都有可能發病。低程度的呼吸道感染會誘發感染因子攻擊歐氏管，由此造成中耳感染，極度乾燥的環境也會導致耳膿腫，同時導致有機氯誘發的維生素 A 缺乏。讓箱龜處在舒適的飼養環境並提供營養均衡的飲食，藉此提升強健的免疫力就能抵禦這類感染。

眼部感染

因長期不當照料或虛弱體質而在箱龜身上常見到的另一個問題，就是眼瞼下方和角膜表面的蓄膿。眼部的瞬膜腺很容易受到維生素 A

五種徵兆顯示你的箱龜正處於痛苦中

1. 攻擊性
2. 厭食
3. 保護疼痛點
4. 動作遲緩消極
5. 僵硬、跛行

不足所影響，在缺乏維生素 A 的情況下，瞬膜腺會減少分泌導致結膜炎和眼瞼蓄膿。眼部硬實的膿包需交由專業獸醫清除，清除過程為長時間將龜浸泡在溫水中，並使用軟化劑來讓膿包變軟，輕微地按壓下眼瞼將膿液擠出，每日數次塗抹眼部抗生素藥膏，持續數週直到好轉。

並非所有的結膜炎都是因缺乏維生素 A 所引起——有時它的成因根本就是五花八門！維生素 A 中毒（過量攝取，又稱維生素 A 過多症）也會呈現眼部腫脹、皮膚病變和脫落，或是四肢紅腫，在做出正確的診斷之前，必須提供箱龜完整的飲食紀錄和健康狀況以供參考。維生素 A 為脂溶性且會屯積在箱龜體內，可達到過量中毒的程度，如果需要注射維生素 A，應該由經驗豐富的爬蟲類獸醫仔細診斷後才能進行，一種補充維生素 A 較安全的方法就是利用飲食的多樣化（詳見飲食章節）。

其他的眼部問題還包括腫瘤、潰瘍、外傷和凍傷，與眼部相關的所有疾病都應該交由獸醫診斷，即便是眼盲的箱龜也一樣能茁壯成長，只要飼主肯親手餵食並給予細心照料。

營養性疾病

箱龜如果沒有攝取足夠的營養就會引發各式各樣的營養性疾病，如果被飼養的寵物龜能遵照先前飲食章節所描述的營養指示，或許就可以避免這些問題。然而，一隻受感染的病龜，很可能是由於過往不當飲食的生活史，至今才顯現出缺乏維生素 A、D3 和鈣質的症狀，這些病龜可能會出現厭食、眼瞼腫脹、結膜炎和（或）甲殼軟化，除非掌握這些病龜的生活史，否則一時很難診斷是罹患何種營養性疾病，如果你懷疑就是某種營養性疾病，帶著你的病龜讓獸醫進行診斷和營養治療。

挨餓絕食

歷經過長時間疾病、嚴重外傷或不當照料的箱龜，通常會引發挨餓絕食，一隻箱龜可能會拒絕進食最終把自己消耗殆盡，如果你收養了一隻體重過輕且不願進食的箱龜，請立即帶去給獸醫診治。在許多案例中，箱龜需要藉由胃管或食道管來進行灌食，灌食的食物不僅要容易消化，也要從蛋白質、脂肪、碳水化合物和胺基酸這些營養素中，提供足夠的卡路里。體弱多病的箱龜沒有足夠的能量消化一般正常大小的食物，一旦箱龜能夠開始自己進食，可以嘗試蘸些嬰兒用的罐裝蔬菜泥或肉泥，逐步地增加分量和次數直到能正常進食。

內寄生蟲

箱龜身上常見的內寄生蟲包括蠕蟲（線蟲、絛蟲、吸蟲）和原蟲。大多數的箱龜終其一生都會不時存在著內寄生蟲，牠們會經由吃進有糞便汙染的土壤，裡頭就含有蟲卵或直接生活史寄生蟲的蟲體（如蛔蟲、蟯蟲和鉤蟲）。箱龜也會藉由吃進蚯蚓、蝸牛，或是其他被絛蟲、吸蟲等間接生活史寄生蟲幼蟲所感染的中間宿主，而感染內寄生蟲。

蠕蟲 有些蠕蟲為肉眼可見，每當你換水或觀察新鮮糞便時都可發現牠們的蹤跡，大多數的內寄生蟲只能通過放大鏡才看得到——每年要做兩次的定期寄生蟲抽樣檢查。如果箱龜開始變得無精打采、厭食、口吐泡沫、停止排便或嘔吐反芻，就要馬上送去給獸醫診治，大量的寄生蟲負載會造成腸道嵌塞

維生素A過量或不足都有可能會造成箱龜的眼睛紅腫發炎。圖中的箱龜眼睛十分健康。

寄生蟲生存方式：直接與間接

所謂的直接與間接，指的是寄生蟲感染宿主的兩種不同方式。

直接的生存方式是指寄生蟲只需要單一宿主，並反覆攻擊同一個體，而其他個體則會因為居住環境共享而連帶受到感染。例如，鉤蟲屬於直接生活史，牠們可以在宿主的糞便中生長、繁殖並產卵。在衛生不良的環境中，其他健康的箱龜可能會吃進遭糞便污染的食物或土壤，而讓鉤蟲進入體內。間接生活史的寄生蟲則需要花時間依附在中間宿主身上，例如，寄生蟲會先寄生在蝸牛體內，透過牠們尋找到最終宿主並開始生長繁殖。

定期更換飼育缸內的底材，並隨時清除糞便以預防和蟲卵的直接接觸。

定期清潔消毒水盆和其他會沾染到糞便的畜欄擺設。

或腸穿孔，引發肝、腎、胸或心臟損傷。預測判斷在這裡並不適用，獸醫必須確認寄生在寵物身上的蠕蟲類型，並開立驅蟲藥處方，獸醫會要求飼主帶著病龜回診做後續的檢驗，以決定是否有必要進行二次驅蟲。

在沒有得到獸醫確認藥物安全無副作用的情況下，箱龜絕對不能胡亂服用驅蟲藥。好幾種哺乳動物用的驅蟲藥會導致龜類死亡且絕對禁止使用，像是伊維菌素（ivermectin）和驅蛔靈（piperazine）這兩種；其他驅蟲藥也可能會帶有毒性，比較安全的像是羥／酸派孿帖（pyrantel pamoate），這種藥能夠有效對付多種寄生蟲，而吡喹酮（praziquantel）則是專門用來治療條蟲。實際上這些產品對於虛弱的病龜不見得安全，且不應該在沒有獸醫的協助下使用。此外，用來治療蛔蟲的苯硫並嘧唑（fenbendazole），在最近的檢驗中被認為是對箱龜合格安全的驅蟲藥物。

原蟲 原蟲是另一種會對箱龜造成影響的內寄生蟲，牠們是單細胞生物，絕不可小看牠們！體型雖小卻能造成相當大的傷害。原蟲種類中的六鞭毛蟲（*Hexamita*）和一些按順序分類的球蟲，為具有高度傳染性的寄生蟲，並逐漸於箱龜身上被觀察到。六鞭毛蟲的感染症狀為暗綠色伴有嚴重異味的尿液、厭食和水腫，如果置之不理，這些原蟲會一路從膀胱往上鑽入腎臟，造成永久性損傷和死亡。遭受球蟲感染的箱龜則會有嚴重腹瀉。治療這些症狀需要立即使用藥物控制，甲硝唑（通常以咪唑尼達的商品名流通）經常被拿來對抗原蟲類疾病。

野外捕捉的亞洲箱龜，如黃緣箱龜，通常會帶有寄生性原蟲。

處於壓力下的箱龜更容易受到原蟲感染，野外捕捉的亞洲箱龜通常會經歷許多高壓狀況，應該要接受這些寄生蟲篩檢。最廣為人知的致命原蟲為阿米巴原蟲（*Entamoeba*），帶原者本身或許完全不會出現任何症狀，但仍會傳染給其他箱龜，造成大量死亡，這也是另一個絕不能將不同品種的箱龜混養在一起的原因。

壞死性口炎（口腔潰瘍）

體質虛弱和那些經歷過長期病痛的箱龜，很容易遭到真菌和細菌入侵而導致口腔潰瘍，有些結束冬眠期的箱龜也會出現同樣的症狀，這暗示牠們不是在健康狀態下進入冬眠，**絕不要讓生病或體重過輕的箱龜進入冬眠。**

從下顎後方牢牢地抓住箱龜頭部檢視潰瘍的嘴巴，並且用鉛筆上端的橡皮擦頂住下顎，生氣的箱龜會想要用力咬橡皮擦，剛好給你機會仔細看清口腔內部。真菌型口腔潰瘍看上去像個乳酪狀白色增生物，且有時在舌頭和上顎會出現硬化的膿包和壞死組織，細菌型口腔潰瘍則是造成整片的紅色或黑青水泡。如果你察覺到箱龜的口腔潰瘍，立刻將牠們帶去給獸醫，如有必要，取樣口腔裡的一小塊切片組織拿到顯微鏡下觀察，就能判斷出感染的性質，依據檢驗結果開立抗真菌藥或抗細菌藥處方，維持健全的免疫系統是讓箱龜遠離這些永存不朽的伺機型病原體的最好方式。

腹瀉

腹瀉是一種在所有動物身上出現的警示訊號，表示在藥物使用和飼養管理上出了問題，絕對不能加以輕忽。箱龜的糞便通常具有一定的硬度，顏色為深黑色，且只帶有少許氣味。請回想任何一隻有腹瀉情況的箱龜之飲食現況，是否吃了太多含高水分而低纖維素的食物？如果箱龜的糞便味道過重、顏色呈淺綠色且形狀稀軟，則要立刻將箱龜送去專業的爬蟲獸醫院檢查，取樣抽驗能夠查明腹瀉原因並開立合適的藥物治療，所有出現腹瀉症狀的箱龜都應該個別放進醫療缸中。箱龜體內一般常會出現沙門氏菌、腸桿菌屬或大腸桿菌，以上這些細菌全都有可能會傳染給人類——在治療病龜時需特別注意衛生避免感染。

脫水

輕微脫水一般在箱龜身上很常見，箱龜每天都需要乾淨的清水來飲用和泡澡，生病時出現的腹瀉可能會導致脫水。嚴重的脫水情況下，箱龜會出現眼窩凹陷、皮膚乾裂、口腔黏膜乾燥、體重下降和唾液濃稠的症狀。嚴重脫水的箱龜需要接受專業獸醫治療，使用皮下輸液注射生理食鹽水補充失去的電解質，順便針對二次用藥問題進行檢驗。嚴重脫水最終會導致器官衰竭，當出現尿酸過高屯積在腎臟的副作用時，就會發生腎功能惡化以及隨之而來的腎臟衰竭，二次感染會引發箱龜的免疫系統失調。隨時為箱龜準備乾淨的大型飲用水盆讓牠可以自由進出，每天將有脫水症狀的箱龜放到水盆中浸泡數次持續一週的時間，或是直到箱龜可以自行進出水盆泡澡為止。

四肢癱瘓

發生在某些箱龜身上的一種神秘難解的疾病就是四肢癱瘓，發病通常一開始為單隻跛腳，之後蔓延到四肢全癱，造成癱瘓的原因至今仍然不明，而且許多時候箱龜都能自行痊癒。不幸的是，也有永久性傷害的案例——箱龜會持續遭受這種折磨多年直到死亡。

癱瘓很可能是好幾種不同疾病的前兆，其中一種為造成肌肉、神經和大腦損傷的病毒感染，另一種則可能是來自異常的甲殼或骨頭增生，或是營養不良造成脊椎壓迫到神經和肌肉。大多數的情況下，除非飼主能提供箱龜完整正確的生活紀錄，否則獸醫很難做出癱瘓成因的診斷，因此，養成良好的飼養記錄日誌非常重要；內容需包含箱龜的年齡、就醫用藥紀錄和其他有用的資訊，將每一次的摔跤或是吃進可能受到污染的食材做成筆記紀錄下來。其他會影響行動不便的疾病還包括痛風、骨頭或關節感染，以及敗血性關節炎，這些都是在獸醫協助下可醫治的疾病。

難產

當雌龜無法順利孵化出龜卵的情況下即為難產，如果你注意到一隻雌龜經常來回踱步、不停泡水、後腿無力、肌肉僵硬、便秘、絕食，或是其他異常行為超過一週，要帶去給獸醫診治，難產是非常嚴重的問題，需要交由專業獸醫處理。

獸醫會先拍攝一張放射線照片（X 光片）來判定是否為難產症狀，治療過程需要麻醉雌龜，以進入體內分解龜卵，並通過泄殖腔移除。也有一些病例是將腹甲劃開一個洞口，讓輸卵管曝露在外，然後將這些卡在一起的龜卵成功取出的外科手術。另一種治療方式為注射硼葡萄糖酸鈣和催產素，加速雌龜分娩將龜卵排出，在使用催產素時要特別小心：它會沿著輸卵管壁產生強烈收縮，並且會因為卵殼變形而壓碎龜卵導致無法排出。如果難產沒有獲得治療，龜卵會在母體內破裂——腐爛的卵塊最有可能造成腹膜炎（腹壁發炎）。處於繁殖年齡的雌龜也有可能會產下未受精卵，所以不論是否有和雄龜交配，都應該要為雌龜準備好產卵區。

所有的箱龜都需要進入水中泡澡或飲水。圖中這隻三趾箱龜正在環境內的人工溪流中喝水。

無菌腸道症候群

箱龜在經歷過一輪廣效抗生素或除蟲藥劑的治療後，可能會有一陣子的腹瀉和排便拉出未消化的食物，這些藥通常會清除或殺死腸道中現存的所有細菌，你的箱龜現在處於無菌腸道症候群狀態（SGS）！無菌腸道症候群的案例，是由於有益腸道菌群的缺乏，食物通過腸道而未被消化，通常只要等待一段時間，腸道就會自動重建這些益生菌。飼主可以藉由給予箱龜貝克益生菌（Benebac），一種為鳥類設計的益生菌膏或益生菌粉，以加快重建過程。或者也可以試著餵食無農藥的天然蔬果，因為它們的表皮即含有益生菌。

器官脫垂

泄殖腔是箱龜身上唯一的排泄口，所有體內的排泄物，包括龜卵都是經由這個開口排出，有時內臟器官會受到擠壓而從泄殖腔排出，小腸、輸卵管、胃、膀胱，甚至是泄殖腔本身都可能會下垂脫出。脫垂而出的器官無法自行拖回泄殖腔內，而是隨著箱龜爬行被拖拉在身後，這是非常緊急的情況，需要立刻將箱龜送去醫院救治。諸如此類的案例，通常都是因為箱龜歷經不當的飼養環境與飲食所造成，罹患重病或是有長期便秘和腸道嵌塞病史的箱龜，都更容易引發器官脫垂。

雄性箱龜有時會從泄殖腔外翻生殖器，此種行為被稱作「露鳥狂（*penis fanning*）」，對此舉沒有經驗的新手飼主通常會以為箱龜出了什麼問題，然而，這對雄龜來說極為正常，只要生殖器能在幾分鐘之內順利收進身體裡就無需緊張。露鳥狂行為模式是雄龜將後肢抬高直立，然後像一支綻放的花朵般，將生殖器從泄殖腔口使勁地推出去。雄龜的陰莖為深紫色，充血勃起，且比泄殖腔的尺寸來得大，如果發生陰莖無法回收的情況，需將雄龜放置在醫療缸中，蓋上濕毛巾以保持陰莖的濕

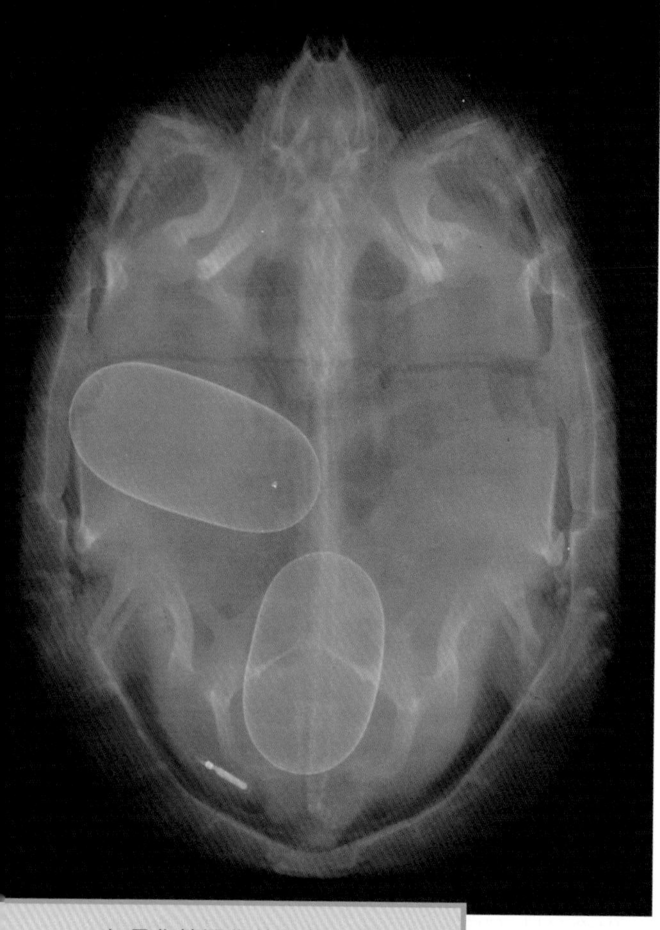

如果你懷疑你的箱龜難產，請將牠帶至獸醫處做X光片檢查。圖中的亞洲箱龜有兩個發育中的龜卵。

潤，在生殖器上塗抹一層痔瘡軟膏以防止繼續充血腫脹，將雄龜浸泡在糖水或玉米糖漿中可以幫助陰莖的收縮和收回。如果外放的生殖器持續數小時都無法順利回收，就必須將箱龜帶往獸醫處進行治療，獸醫會使用各種小技巧來修復這個問題，並且開立處方藥來完成後續治療，如果情況變嚴重或引發細菌感染，有可能需要切除陰莖。

動物攻擊

狗、浣熊、土狼和老鼠，以及烏鴉和花栗鼠，全都是箱龜的天敵，因此飼主必須盡一切可能保護寵物龜不受狗和其他動物的攻擊，即便是受過良好訓練的家犬也會有啃咬的天性，而箱龜在牠們眼中正像是一根美味可口的大肉骨頭！如果你的箱龜曾經被動物咬傷過，請將牠送去給獸醫診治，皮膚上的一小塊咬傷或甲殼上的一處碎片，如果不加以徹底清潔和藥物治療，都可能導致嚴重感染或是甲殼腐化，雖然某些箱龜會因為傷口的惡化或細菌感染而必須截肢，但這些寵物仍然能過上正常的生活——請選擇積極治療而不是將牠們安樂死。

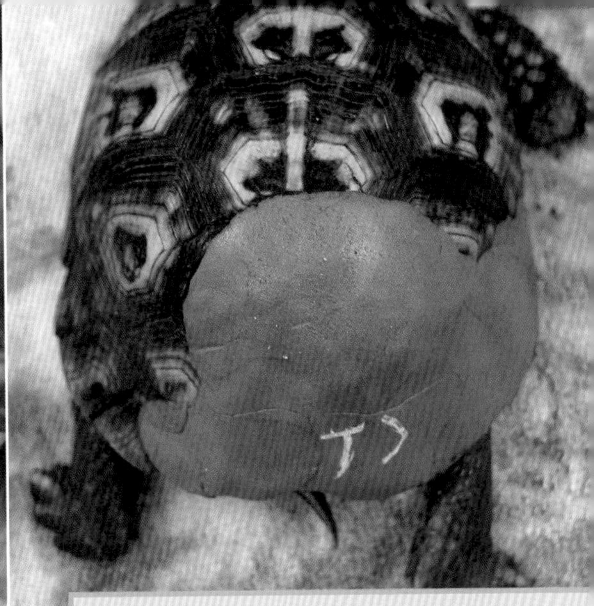

甲殼斷裂可能會有生命危險，假如發生在你的箱龜身上，請即刻尋求獸醫協助，獸醫會使用環氧樹脂來修復甲殼並開立抗生素。

甲殼斷裂

甲殼斷裂是一種需要立即送醫檢查的緊急情況，經由斷裂點所形成的胸腔和體腔器官外露是十分危急的狀況，急需獸醫立刻實行侵入性治療，即使是輕微的斷裂，也會因為細菌的入侵引發敗血症感染而導致生命危險。敗血症是一種因感染引發全身性嚴重發炎的病症，嚴重會導致器官衰竭和死亡，敗血症的其中一個症狀為血液開始瘀積在下肢末端而形成的腹甲泛紅。腎臟壞死引發四肢腫脹，且箱龜出現無精打采和厭食現象，一旦箱龜到了這個階段，基本上就離死不遠。藉由讓箱龜遠離除草機或其他危險來源以預防甲殼斷裂。

爬蟲專科獸醫透過骨釘、鋼絲和醫療級環氧樹脂進行的縫合手術，或許可以修復斷裂的甲殼。在過去，會使用玻璃纖維覆蓋在裂縫上以形成保護固定甲殼，比較新的手術方式為使用無菌自黏性繃帶覆蓋在斷裂的甲殼上，這就能定期清潔消毒和檢查裂口，如有需要還可以進行二次治療，專業獸醫團隊已經成功地展現許多驚人的完美甲殼修復手術。

人畜共通病

許多種類的細菌、病毒和寄生蟲，都能透過病龜的糞便或飼養環境內的東西，間接傳染給飼主和其他與感染病龜進行接觸的人。飼主只要維持良好的衛生習慣並徹底勤加洗手，就能減少罹患人畜共通病（意指可經由動物傳染給人類的疾病）的機會。

良好的衛生習慣指的是將廚房水槽設為寵物龜禁區，所有箱龜使用過的鍋碗盆碟或籠內玩具都不可以放到水槽中洗滌，箱龜碰觸過的所有東西都需拿到戶外或是廁所內的浴盆或浴缸中清洗。一旦使用過的浴盆或浴缸，就要用低濃度漂白溶液（漂白劑與水的比例為 1：9）噴灑消毒，然後靜待五至十分鐘，沖洗完畢後再次使用熱肥皂水洗刷乾淨，清洗箱龜用的水盆和食物盤碟也是相同的方法。如果你要將墊材拿去清洗並且再次使用，請使用熱水沖洗數次，直到墊材內的污水完全清除乾淨，維持箱龜的環境整潔，你就能降低被感染的風險。

沙門氏菌

沙門氏菌是一種分布在日常生活中的細菌，它已經在豬、雞、雞蛋、生乳、橘子汁、青蛙、烏龜、萵苣和其他許多動植物身上被發現。沙門氏菌會引發胃腸道的疾病，包括腹瀉、腹絞痛、發燒、噁心，以及在人類身上出現的嘔吐。雖然不是所有的箱龜都會帶有沙門氏菌，但是所有的爬蟲類都應被視為沙門氏菌帶原者。由沙門氏菌感染症（意指感染上沙門氏菌）引起的死亡並不常見，但是患有人類免疫缺陷病毒（HIV）／後天免疫不全症候群（AIDS）或其他免

躲避沙門氏菌

沙門氏菌經由受到感染的糞便通過口腔和鼻腔傳染給新的受害者。別用髒污的雙手接觸你的口鼻眼，每一個碰觸過箱龜的人都應該立刻用抗菌肥皂洗手。當你碰觸箱龜或清理飼養環境時，切忌吃東西、喝飲料或抽煙。

疫缺乏病症的人，以及那些服用抗排斥藥物病人、老年人、兒童和孕婦，都應該避免與所有爬蟲類物種接觸的感染風險，嚴格要求良好的衛生習慣會降低罹患沙門氏菌感染症的機會。

安樂死

將一隻重病或重傷的寵物安樂死從來都不是一件簡單的工作，但有時候它卻是人類能為受病痛折磨的動物所做的最仁慈的一件事。就箱龜來說，我們很難知道牠的痛苦是從什麼時候開始的，牠們不會出聲，也不會發抖或哭泣，如果你的獸醫有充分意識到這些疾病或傷口的嚴重程度，他們會是你最好的軍師，如果你仍然有所遲疑，可以徵詢第二位醫師的意見，好的獸醫會完全尊重你的決定。

箱龜擁有驚人的復原能力，不管是被車撞或是遭除草機碾壓，牠們通常都能自我痊癒，只留下甲殼上的傷痕作為曾經受傷過的證據。每隻箱龜都是獨一無二且珍貴無比的個體，值得更多活下去的機會，只不過，當這一天真的來臨，請你的獸醫用更人道的方式來為牠進行安樂死。將箱龜置於冷凍櫃凍死是非常不人道的，箱龜的皮膚會形成冰晶，而讓箱龜在腦死前經歷巨大的痛苦和折磨。毒殺、斬頭、窒息或擊碎全都是不當的安樂死方式，更不會是無痛的狀態。

要預防沙門氏菌感染症和其他疾病的方法就是勤加洗手，不管是在碰過箱龜或是接觸飼養箱內所有的環境設施之後都要立刻洗手。

要完成無痛死亡，動物必須在無意識的狀態下失去痛感，一般使用鎮靜劑進行肌肉注射或靜脈注射，只有在動物被全身麻醉的狀態下，才可以進行讓呼吸或心臟停止的程序，此時獸醫通常會使用高劑量的巴比妥酸鹽，讓箱龜在無痛狀態下解除牠的痛苦。

冬眠和繁殖

箱龜能歷經世代的長期存活，一部分歸因於牠們對大自然氣候變遷的適應力，在氣候開始變得寒冷，或是過度乾燥和炎熱時，牠們會採取不活躍或是休眠的狀態。冬眠（或休眠）是箱龜應對寒冬的方式，而夏眠則是在乾旱或炎夏時期面臨食物源短缺下的避暑秘方。雖然箱龜對於環境變遷有著絕佳的應對本能，飼主仍應替箱龜準備合宜舒適的冬眠環境，冬眠結束的出關也代表成年箱龜來年再生繁殖的信號。本章將針對繁殖期年齡箱龜的照料、龜卵孵化和孵化管理做逐一介紹，讓飼主能掌握飼育健康的箱龜新生寶寶的最佳時機。

野外箱龜的冬眠

生活在北美較為寒冷地區的箱龜，會對低溫、嚴苛的生態環境和食物短缺等自然界警訊做出本能反應。這些外溫動物會直接透過日曬，或是間接從散發太陽光能的物件上吸取熱能維持體溫。過低的溫度會妨礙牠們的正常移動、食物消化與代謝功能，低溫寒流、強烈低氣壓、白晝變短——甚至太陽的低入射角——這些因素都能觸發箱龜進入冬眠狀態。野生箱龜應對這些氣候狀況的方法是躲入鬆散土中過冬，鬆軟的土壤能讓牠們往下挖掘到更深的凍土層，一旦深入凍土層，牠們就進入休眠狀態，你家的寵物箱龜也擁有相同的本能反應，因此你必須替牠們做好事前準備。

第六章詞彙

卵齒： 位於剛孵化烏龜之龜喙尾端的骨質突起物，用來刺穿卵殼。

產卵窩： 雌龜用後腿挖出一個漏斗狀的洞穴作為產卵窩。

大多數的箱龜都會在野外冬眠，但是有一些熱帶品種像是鋸緣攝龜就不會進行冬眠。

雖然箱龜飼主們將此行為稱作休眠或冬眠，但是這和熊類睡在舒適洞穴裡，透過消耗體內所屯積的大量脂肪而進行的冬眠，還是有相當大的差異。箱龜不會為了避冬而儲存脂肪，當氣溫下降時，牠們躲進茂密植被下、樹根、地穴，或是斷裂的樹洞內，再不然就是鑽進土丘堆或泥灘地作為庇護所，如果運氣好，會有更多的落葉覆蓋可以增加額外的保暖。當寒冬繼續發威，牠們會往下深挖進入地表層內，威斯康辛州的錦箱

龜就曾經被發現躲在3英呎（1公尺）深的地底！進入冬眠期的箱龜，心速緩慢、呼吸減少、代謝降低，而熱量消耗也降至夏季時的基點。對箱龜來說寒冬是個危險季節，每一年都會有箱龜因失溫而喪生，洪水和掠食者的侵襲也會在每年的寒冬和早春時節造成大量的野生箱龜死亡，了解冬眠期裡的潛在威脅有助於讓你的箱龜能順利過冬。

冬眠和休眠

爬蟲類動物並不會進行真正的冬眠——牠們休眠。冬眠是指動物藉由大量進食來儲存額外的體脂肪以應付寒冬的過程，體內儲存的脂肪能夠提供冬眠期間所需要的營養熱量。箱龜和其他爬蟲類只有少量的體內脂肪，牠們僅依靠進入休眠狀態來過冬。這兩種模式都是透過在冬天降低基礎代謝消耗以保存體力，因此通常在論及有關箱龜過冬的方式時，會交替使用這兩個名詞。

棲息在熱帶和亞熱帶地區的箱龜，溫度和食物供應的變化相對來說比較穩定，因此沒有冬眠的習性。馬來箱龜和鋸緣攝龜都不會進行冬眠，但是牠們會在乾旱期進入休眠（夏眠），等待更舒適的氣候歸來。對於繁殖年齡期的箱龜來說，在冬眠和休眠這段期間是與賀爾蒙的週期循環相關，這些週期可能會影響到雌龜的生育能力和雄龜的精子活性。因此，養殖者需要了解所有箱龜品種冬眠的時間和時長，好讓他們能提供更符合季節性配種週期的環境條件。

隨著寒冬的到來，一些室內飼養的箱龜會開始拒絕進食，牠們會藉由嘗試進入冬眠狀態來應對細微的外在環境變化，面臨箱龜拒絕進食的情況下，繼續讓箱龜在正常室溫下活動是非常危險的，生病或甚至是死亡都有可能發生。我會在本章節討論在戶外飼養的箱龜如何安全過冬的方法，介紹幾種人工休眠的方式，並提供一些技巧來激勵箱龜在整個寒冬也能充滿活力。我的箱龜順利地度過許多年的冬眠，這有時能讓我在照顧箱龜上放個小假，而有多餘的時間去培養其他嗜好。

箱龜冬眠前的五項準備工作

1. 糞便抽驗並交由獸醫進行全身健康檢查。
2. 在入秋之際就提前完成冬眠區設置的準備。
3. 準備進入冬眠期之前的最後一星期，每天讓箱龜泡澡以補充水分和加速清除排泄物。
4. 準備進入冬眠期之前的二至四星期開始停止餵食箱龜。
5. 從夏末之際開始在飲食中補充富含維生素 A 的食物。

你的箱龜需要冬眠嗎?

冬眠對許多品種的箱龜來說是自然習性但不是必要性，對於欠缺飼養經驗的飼主，或是新獲得和生病的箱龜而言，保持活力才是最佳的過冬方式，帶有內寄生蟲或罹患呼吸道感染的病龜，在冬季進入冬眠狀態只會更加嚴重。藉由提供室內夏日環境模擬，你就能打破對冬眠的需求，並且讓箱龜整個冬天持續進食。

請勿讓出現以下症狀的箱龜進入冬眠狀態，將牠們帶去給獸醫做完整的評估和治療：

- 任何的耳部腫脹或頭部腫塊
- 所有未癒合以及容易受到感染的開放性傷口
- 乾燥、龜裂的皮膚——脫水或維生素不足的現象
- 眼口鼻出現過量分泌物黏膜
- 稀軟或乾硬、皺縮的糞便，有可能是出現內寄生蟲或是脫水
- 眼腫或閉眼
- 體重過輕，或是拿在手上有空洞、不結實的感覺
- 舌頭灰白或出現泛白

只有在整個夏季都努力進食的健康箱龜才適合冬眠，生病的箱龜無法儲存足夠的能量來撐過一整個寒冬。對新手飼主來說，讓獸醫為箱龜進行

冬眠前的檢查是個好主意，特別是在檢驗內寄生蟲這個部分。

相較於其他箱龜的典型冬眠期，佛羅里達箱龜只會進入一段較短時間的休眠。

新生龜和幼龜或是新獲得的箱龜不能進行冬眠，冬天必須將牠們放置在室內且保持清醒狀態。隨時保持濕潤的墊材環境，並將環境內溫度調高一些，將每日的光照時間延長至十四小時，並使用全新的 UVB 燈管以確保維生素 D3 的合成，這些細微改變通常可以打消箱龜進入冬眠的衝動。提供箱龜大量的天然活體飼料和昆蟲以刺激食慾，就能讓牠們維持良好的胃口，這些活體飼料一整年都可通過購買取得，水煮魚片和龜糧也可以搭配水果、蔬菜和綠葉植物一起使用。

休眠期

某些箱龜品種，像是佛羅里達箱龜和某些特定的亞洲箱龜（如鋸緣攝龜和花背箱龜）不會進行典型的冬眠，但牠們能從休眠期中獲益，你可以按照一般冬眠程序並縮短時程來為牠們進行休眠準備。某些龜類愛好者已經順利地完成黃緣箱龜的戶外休眠，但是這只應該在擁有多年經驗和完善計畫的條件下進行。

箱龜冬眠的準備事項

在你從獸醫那裡取得箱龜的健康合格證明之後，你就可以開始著手進行冬眠的準備。在冬季來臨前的一個月，開始供應大量含有豐富維生素 A 的蔬果物質，當中包括地瓜、胡蘿蔔、南瓜、芒果和冬瓜等，如果你的箱龜沒有攝取足夠的含維生素 A 的食物，也可以在餵食中加入魚肝油作為補充劑。在一般市面上就可買到我們吃的魚肝油膠囊，將膠囊打

室內箱龜的冬眠準備事項

室內箱龜在氣溫下降之前的兩個星期就應停止餵食，每日用溫水泡澡，以維持體內水分和清潔體內腸道排泄物。在維持兩個星期的最適溫度後，逐步地調降溫度至華氏 5 度（攝氏 3 度）持續數週，一旦箱龜變得呆滯遲緩，就將牠移至冬眠地點（越冬巢）。

開，滴上一滴魚肝油在箱龜最喜歡的食物上，此過程在這段期間可以重複數次以確保維生素 A 的吸收。如果箱龜拒絕吃飯，試著將魚油用注射器打進蠟蟲或小蚯蚓體內，再不然就是直接打進嘴裡，但是在整個月的魚油補充期間，每次不要給箱龜超過一滴的量，維生素 A 為脂溶性，可以儲存在體內撐過一整個冬天。

當低溫逐漸接近，飼養在戶外的箱龜會吃得不多動得更少，這個時候你就應該要停止餵食，但是仍每天提供乾淨的清水讓箱龜浸泡，日常泡澡可以清空腸胃，對於促進代謝增強活力非常重要。我的戶外箱龜在進入冬眠之前，我將牠們每一隻都帶進室內用溫水做最後一次泡澡，此時是檢查糞便中是否帶有蟯蟲或是尿液顏色異常的好時機。我也會紀錄牠們的體重並做一次徹底的檢查，觀察皮膚上是否有傷口或腫塊，或是流鼻涕和嘴巴潰瘍的現象。

冬眠場所

入秋之前就請開始準備冬眠場所，以免直接碰上一個拒絕進食的呆滯箱龜讓你措手不及。選擇一處最佳冬眠地點需要做好事前研究和計劃，讓箱龜冬眠的場所有很多種，包括戶外土地裡、改裝過的冰箱，或是搭棚子的外盒、屋內爬行空間、閣樓、車庫等。

生長在溫暖氣候區的箱龜，冰箱冬眠法是個不錯的選擇，先決條件是冰箱內溫度穩定地維持在華氏 45 至 50 度（攝氏 7 至 10 度）之間，以及濕度介於百分之七十五到百分之八十左右。我強烈建議飼主在確定把箱龜放入冰箱進行冬眠之前，在預設的冬眠位置進行一整個冬天的監控。戶外處於容易結凍，或是會遭受強風洪水侵襲的區域都不是冬眠的好地點，如果計畫要使用人工冬眠箱或冰箱，請確保整個冬天都能維持穩定的溫度調節。

戶外冬眠

對於居住在與所飼養箱龜同一處自然區的飼主來說，可以選擇讓身體健康的箱龜在戶外冬眠。每一個越冬巢都應該要設置圍欄，以及能夠防止掠食者入侵的保護措施，確保冬眠場所的設置點高於春季的地下水位深度。

在夏末或初秋之際，在預定的冬眠點拿鏟子鬆翻一塊至少 3 平方英呎（1 公尺）寬和大約 2 至 3 英呎（0.6 至 1 公尺）深的區域，實際大小要依據這塊區域的最大冰凍深度而定。移開一些表土，在其中混入落葉堆肥、泥炭土和枯草堆，最後在上頭澆水，以便完成能讓箱龜輕易往下深挖的濕軟底材。將箱龜放進越冬巢之後，繼續添加更多的枯葉、麥稈和乾草屑，直到有數英呎深的足夠覆蓋物。如果你的地理位置處於高雨量地區，請利用三夾板和水泥磚製作一個遮護蓋擋雨。

雖然許多飼主利用這種戶外方法來模擬自然冬眠，它仍存在著固有風險。戶外冬眠不容易檢測箱龜的生理狀況，也很難得知牠們是否挖掘得夠深，老鼠、田鼠或其他掠食者有可能傷害或是殺死正在冬眠的箱龜，正如同野生箱龜的處境，選擇在戶外冬眠的寵物箱龜也會面臨一定程度的危險。

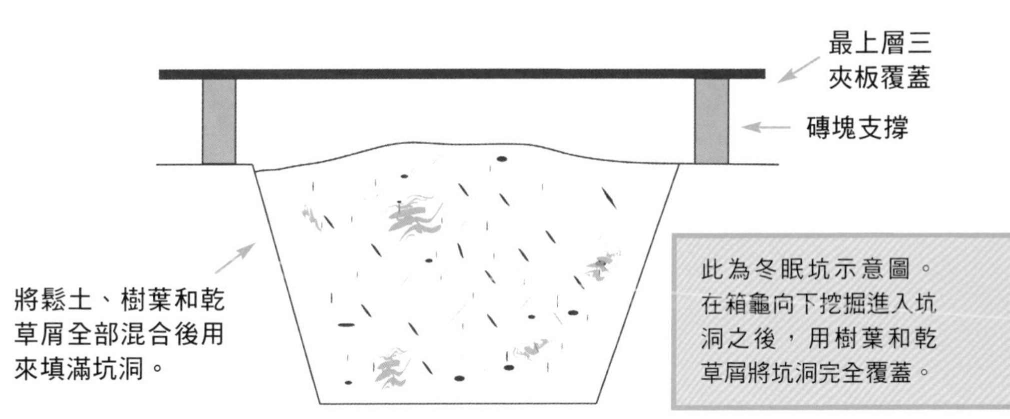

此為冬眠坑示意圖。在箱龜向下挖掘進入坑洞之後，用樹葉和乾草屑將坑洞完全覆蓋。

苔絲・庫克的冬眠箱

以下是作者為打造冬眠箱所製作的計畫表。冬眠箱的尺寸最終確定為 41.5×31.5×25（長 × 深 × 高）英吋，或是 105.4×80.0×64.1（寬 × 深 × 高）公分。

材料清單

一片半的三夾板，一片三夾板尺寸為 4 英呎 ×8 英呎 ×3/4 英吋（122×244×1.9 公分）
三個堅固鉸鏈
兩個木製球型把手
夾板螺絲或牆用螺絲
數英呎長（約 1 至 2 公尺）的 14 － 2 規格 Romex 電線
連接 120 伏特電源插座的電源線
兩個陶磁燈座
兩個 25 瓦的鎢絲燈泡
一個 120 伏特的恆溫器，用來作為牆腳板加熱器（非暖氣爐使用的低電壓規格）
一個單孔接線盒
一個精密電子溫度計加上無線搖控器
一片尺寸 4×4 英呎（122×122 公分）以及 2 英吋（5.1 公分）厚的堅硬隔熱板

木板尺寸

箱子上半部木板尺寸：

- 兩片短邊木板尺寸為 7.75×30 英吋（19.7×76.2 公分）
- 兩片長邊木板尺寸為 7.75×41.5 英吋（19.7×105.4 公分）
- 箱蓋尺寸為 31.5×41.5 英吋（80.0×105.4 公分）；箱蓋需密合上方的側邊木板邊緣
- 一片尺寸為 6×15 英吋（15.2×38 公分）的木板，作為擋板使用

箱子下半部木板尺寸：

- 兩片短邊木板尺寸為 16×30 英吋（40.6×76.2 公分）
- 兩片長邊木板尺寸為 16×41.5 英吋（40.6×105.4 公分）
- 箱底尺寸為 31.5×41.5 英吋（80.0×105.4 公分）；箱底需密合下方的側邊木板邊緣

施工步驟

1. 冬眠箱的上半部與下半部需分開製作，個別完成後再使用牆用螺絲組合起來。事先鑽好螺絲孔以避免三夾板裂開，使用相同側邊尺寸的木板來製作箱蓋和箱底，可以避免在組合的時候發生不對稱情況。
2. 延著較長的側邊木板裝設三個鉸鏈將箱子的上下半部組合在一起。
3. 裝設兩個鎢絲燈泡並將接線盒嵌在箱蓋上方的內部，為了提供擴大熱源範圍，兩個燈泡的間距為 15 至 18 英吋（38 至 45.7 公分），接線盒與燈泡之間隔得愈遠愈好。將接線盒貼近擋板，這樣可以避免燈泡直接照射到恆溫器。
4. 用電線連接兩端的燈泡與接線盒。
5. 將恆溫器裝在接線盒上確認電源銜接完成（白線接白線，地線接地線，黑線接至恆溫器終端），之後將電源線插入上方的背面插孔。如果欠缺電線安裝的經驗，可以請專業水電工來協助你安裝。
6. 將把手裝在正面，在箱子上方的每一邊各鑽出三個直徑為 1/4 英吋（0.64 公分）的小洞作為通風孔。
7. 將堅硬的隔熱板（非強制）裝在組合完的箱子下方，用來幫助隔絕冬眠箱裝置和冰涼地板，或是如果地板不夠乾淨可以防止蟲子入侵。

將箱龜放置在裝有電力設備的冷區，如戶外小屋、戶外車庫、儲物地窖，或是建築內部的爬行空間，監控溫度並將冬眠箱內的恆溫保持在華氏 45 至 50 度（攝氏 7 至 10 度）之間，確認溫度維持在正確的範圍之後再將箱龜放進冬眠箱中。我個人使用的戶外小屋有牆腳板加熱器，我將屋內溫度設定在華氏 40 度（攝氏 4.4 度）左右，這能讓箱內加熱燈泡的使用次數降低，並且幫助減少箱內濕氣的流失。

冬眠條件

進入人工冬眠狀態下的箱龜，最適溫度應保持在華氏 45 至 50 度（攝氏 7 至 10 度）。相對濕度則是維持在百分之七十五至八十之間。

冬眠箱

我的箱龜春、夏、秋三季都在戶外生活，但是冬季卻是在戶外小屋內的冬眠箱裡度過，這個方法能讓我正常監控箱龜的身體狀態，並且保護牠們免受掠食者的攻擊。因為戶外小屋配有電力設備，我可以將溫度維持在最佳冬眠狀態而不用擔心結凍，其他的飼主們會使用改造過的溫室，並且只在冬季最冷的那段期間加裝暖氣。

建構一個冬眠箱所需的材料清單和使用說明已經附在 112 和 113 頁，冬眠箱的結構十分簡單，但重量不輕！請直接在放置點附近製作冬眠箱。如果你想要一個小型的冬眠箱，只需要縮減材料，並將箱子的尺寸大小減半即可。冬眠箱的高度需整齊劃一，才能讓箱蓋上方的加溫燈泡與箱龜之間保持好安全間距。

一旦冬眠箱製作完成，你就可以將裝在容器盒裡的箱龜放進冬眠箱中；你不能直接把牠們丟進空蕩蕩的盒子裡。在塑料衣物收納盒的蓋子上方鑽出幾個直徑 1/4 英吋（0.64 公分）長的小洞，將沖洗乾淨的泥炭蘚填滿盒子的一半，將苔蘚裡面多餘的水分擠出但仍保持濕潤，將每個收納盒中放入一隻箱龜，蓋上盒蓋，然後將盒子放入冬眠箱中。經常去檢查你的箱龜，確保濕度和溫度的穩定，我裝設一個無線電子溫／濕度計，並且使用搖控器掌控箱龜的每日生理狀態。

如果是戶外飼養的箱龜，可以在牠們一出現行動遲緩的徵兆時，就立刻將牠們放進冬眠箱內，如果平常是放在室內飼養的箱龜，在被放入冬眠箱之前請給牠們兩個星期的緩衝期，依照先前所描述的過程來為牠們做冬眠的準備。

冰箱冬眠

圖為一隻雌性東部箱龜正在挖掘一個戶外的冬眠坑。

室內飼養的箱龜最好不要在地底下過冬，長期處於溫暖的環境下，牠們有可能會失去冬眠的慾望而在冬天繼續不斷地進食。然而，也有一部分箱龜會在秋末來臨時開始變得無精打采而拒絕進食，此時讓箱龜在室內環境中自動進入「冬眠」狀態是很危險的一件事，室內飼養環境的溫度不夠冷，這些箱龜可能會因拒食導致餓死，因此不可讓牠們進入冬眠狀態！必須要讓牠們處在足夠寒冷的環境下進入生理遲緩（降低能量消耗）的狀態，利用一個改造過的室內冰箱是解決室內冬眠的其中一個好方法。

冰箱冬眠的準備方式與戶外冬眠類似，最好使用一個箱龜專用的冬眠小冰箱，家庭號尺寸的冰箱就很適合作為箱龜冬眠專用的裝置，否則，牠們可能會因為天氣過於寒冷且冰箱開門次數過多而感到壓力。將箱龜放進冰箱之前，將箱內溫度調整到華氏 45 至 50 度（攝氏 7 至 10 度）的理想範圍，使用電子溫度計來隨時監控——最好是那種能傳送溫度數據到遠端的搖控器上，並且能夠在超出溫度範圍時發出警告訊號。如果你會經常不在家，可以購買一個會發送訊號到手機上的智慧型搖控器。

一旦溫度設定完成，將箱龜放進裝有泥炭蘚（分量為半盒）的中型塑膠盒內，盒蓋上方鑽幾個直徑約為 1/4 英吋（0.64 公分）大的小洞確保空氣流通，一旦將箱龜放進冰箱裡，每天將冰箱門打開幾分鐘以供應箱龜足夠的氧氣，除非冰箱內塞滿了箱龜。過於擁擠的冬眠冰箱會需要一個長時間的氧氣輸送裝置，要解決這個問題可以透過在冰箱門上方區域鑽孔，將一個直徑大小為 1 英吋（2.54 公分）的長管子（約

冬眠的五大危機

1. 設備故障
2. 掠食者攻擊冬眠中的箱龜
3. 冬眠狀態下的溫度過高或過低
4. 表層太潮濕或太乾燥
5. 冬眠期間箱龜生病、體重下降導致死亡

10 英吋（25 公分）長）插進洞口，冰箱內部的冷氣會往下沉直達冰箱底部，因此盡可能將箱龜和溫度計置於冰箱的最底層。

冬眠期健檢

冬眠期的箱龜不能掉失超過百分之十的體重，健康的箱龜最多減輕 1 至 2 盎司（28 至 57 公克）。頭一個月我會每隔一週將箱龜從冬眠箱中拿出來用溫水泡澡，之後，進行每月一次的定期檢查直到初春降臨，春季開始我回到兩週一次的例行健檢。如果你觀察到有任何的生病症狀，如脫水、體重減輕、眼睛腫脹、流鼻水或煩燥不安，請將箱龜移出冬眠箱，整個移離作業需讓箱龜經過一星期的逐步加溫過程來完成，絕不能讓生病的箱龜持續受冷。立即紀錄下所有的發病症狀，如有必要即刻送醫治療，之後讓箱龜持續待在室內的擬夏環境箱中，直到所有病症完全消除數月之後。

重獲新生

當日間溫度來到華氏 60 度（約攝氏 17 度），而夜間溫度停留在高於華氏 50 度（約攝氏 14 度）時，箱龜就會開始從冬眠狀態中甦醒過來，此時牠們通常不會立刻開始進食，而是會等到天氣再暖和一些。然而，必須要為牠們準備每日乾淨的飲用水，詳細檢查是否出現任何身體不適、傷口，或是體重下降的症狀。我會將每一隻箱龜帶進室內用溫水浸泡，然後認真地尋找是不是有任何的嘴巴潰瘍、甲殼腐爛、眼睛感染，或是從口鼻和泄殖腔流出的異常分泌物。箱龜通常從冬眠中出關之後，第一次浸泡會排出濃稠的尿酸物質，雌龜則有可能會伴隨著尿液排

箱龜在結束冬眠出來之後，很快就會準備交配繁殖。

出一些類蛋黃物質。檢查糞便中是否帶有內寄生蟲，有的話請帶去給獸醫處理。體重下降的箱龜要立即放入醫療缸中，一旦箱龜的核心體溫（直腸體溫）開始恢復正常就要儘快餵食。

北美箱龜的野外冬眠期約為五個月，時間從十月下旬到第二年的三月。經由人工冬眠運作的箱龜，則是可以選擇在天氣開始回暖，或是當飼主開始想在室內進行擬夏環境時甦醒過來。箱龜的冬眠時長絕不能超過本身物種的正常期限，餵食的月份應該盡可能地延長以維持健康的體力，替北美箱龜準備的冰箱冬眠法最多為期三個月。如果想要等待春天更暖和的戶外天氣，就可以延長預定的冬眠時間，如果是在屋內進行冬眠，則在將箱龜移回室內正常飼養環境區之前，先逐步調高冬眠冰箱的溫度以接近屋內室溫。非冬眠性箱龜品種的休眠期約為六到八週。

箱龜神秘的冬眠機制看起來像是經歷一段重獲新生的體驗，許多人相信箱龜的冬眠能減輕壓力，提升箱龜的免疫力，並且設定好賀爾蒙循環週期的時機，有件事是顯而易見的——從沉睡中甦醒之後，箱龜們要準備生寶寶了！

箱龜繁殖

箱龜要花上許多年的時間才會性成熟，雖然從龜卵孵化出來的幼龜看上去就像是父母親的迷你版，箱龜仍需要花上八到十二年的時間才能成長至繁殖年齡。野生箱龜的存活數量是依賴牠們成功的繁殖能力，龜卵和龜苗經常遭到大量掠食者如火蟻、臭鼬、浣熊、烏鴉、野狗——甚至是老鼠或花栗鼠的捕食，這些掠食者當中，尤其是浣熊和老鼠更為常見，因為當人類抵達當地所帶來的果園和垃圾，為這兩種掠食者帶來了更多的生存空間。箱龜普遍的存活率很低——在野外只有百分之幾的幼龜能順利成年，正因如此，現在最重要的就是我們絕對不再從野外抓取箱龜。

面對箱龜數量急遽下降的事實，似乎對箱龜保育者而言，圈養繁殖是高度優先的選擇，在某些特定的案例下也確實如此。大多數亞洲箱龜都瀕臨滅種危機，這些品種的箱龜現今可能還未受到政府或保育人士的保護，更需要確保牠們在原生地的生存數量。幸好，有許多龜類保育組織正在為保留箱龜棲息地和推廣這些瀕臨絕種動物的繁殖工作努力。

圈養箱龜並不需要透過交配繁殖來傳宗接代，雖然雄龜一直以死纏爛打的痴漢行徑著稱！某些州明令要求雄龜和雌龜必須分開圈養，只有在交配期間特別許可飼養在一起。無論如何，重要的是繁殖成為一項計

數個箱龜品種的性別特徵

	卡羅萊納箱龜	錦箱龜	馬來箱龜	黃緣箱龜
眼睛顏色	雄龜：紅或粉紅 雌龜：棕	雄龜：紅 雌龜：棕	雌雄相同	雌雄相同
頭部顏色	雌雄相同	雄龜：綠或黃 雌龜：深棕	雌雄相同	雌雄相同
後腳爪	雄龜：粗大彎曲 雌龜：纖細筆直	雄龜：後腳大姆趾內彎	雌雄相同	雌雄相同
尾巴	雄龜：長、粗大、肛門外露於腹甲邊緣 雌龜：短、肛門貼近身體	雄龜：長、粗大、肛門外露於腹甲邊緣 雌龜：短、肛門貼近身體	雄龜：長、粗大、肛門外露於腹甲邊緣 雌龜：短、肛門貼近身體	雄龜：長、粗大、肛門外露於腹甲邊緣 雌龜：短、肛門貼近身體
腹甲	雄龜：凹面 雌龜：平面 （三趾箱龜雌雄相同）	雄龜：微凹 雌龜：平面	雄龜：凹面 雌龜：平面	雄龜：凹面 雌龜：平面
甲殼大小	雄龜有時稍大一些	雌龜有時稍大一些	雌雄相同	雌雄相同

畫完善的行動——而不再是從天而降的意外，它得同時考量為圈養箱龜所必須付出的成本和後續照料安排，還要加上獸醫的費用支付和購買額外的活體食材。如果你沒有打算要留下所有的新生龜，制訂一個收養計畫讓有意願且有能力的人提供完善的照顧。

大多數的箱龜品種，雌龜（圖中上方）的尾巴較雄龜來得短，肛門的位置比較靠近身體。雄龜的尾巴（圖中下方）比較長也比較粗，肛門離身體比較遠，位置超出了腹甲邊緣。

繁殖配對

人工飼育的箱龜其性成熟特徵要比牠們的野生弟兄來得快，牠們受益於規律且豐足的食物供應幫助牠們快速成長。要想確定你是否同時擁有雄龜和雌龜，需要一對繁殖對照組來進行辨別，但結果通常並不容易一目了然。年輕的箱龜在第二性徵出現之前不太容易完成性別鑑定，現今微型腹腔鏡的問世，讓研究學者或獸醫們能夠用它來分辨箱龜的性別，但此設備造價昂貴，因此在使用上受到一定限制。第二性徵通常是在腹甲長度約為 3.5 英吋（9 公分）的時候開始顯現，現今要確認箱龜的性別仍具備一定程度上的困難，有關性別鑑定的方法在隨附的表格中列舉了幾項實用性的關鍵要素。

求偶和交配

室內飼養的箱龜一整年的任何時刻都有可能交配，戶外飼養的箱龜則通常是好發於暖春時節以及夏末進行兩次交配。箱龜的求偶並沒有太多花招，雄龜會一直盯著雌龜，最後當牠咬住雌龜的甲殼就將雌龜逼到角落，用頭和前腳努力向前沖刺。水棲類箱龜多半游至雌龜上方，用腳爪緊扣住雌龜的頭和甲殼。

當一隻雄龜初次靠近另外一隻箱龜，牠無法確定對方是否為雌性。牠會將頭抬高，伸出脖子聞聞四周，並且快速展現鮮豔亮眼的鱗片，牠會靠近注視其他箱龜的反應，雌龜可能會將頭和腳縮回殼內，並且閉殼不動，雄龜會意識到雌龜的防禦性姿態，並開始展開牠的求偶大作戰。未成年或是個性較為溫順的雄龜可能也會表現出類似雌龜的反應，而導致被其他雄龜霸王硬上弓的悲慘下場。

求愛過程中如果遇上兩隻成年雄龜狹路相逢的情況下，一場惡鬥免不了開打！雙方彼此繞圈試探，然後將兩腿重心往下直面對手，這個姿勢是表示另一隻箱龜做好戰鬥準備，以甲殼當盾保護好四肢。勢均力敵的兩隻龜開始互相撕咬對方的頭部和甲殼，撕咬過程激烈兇猛，甚至能將對方的甲殼扯下好幾片而導致受傷，最終會有一方撤退掉頭快閃找掩護。

雌龜如果碰上自己心儀的雄龜就不會一直採取閉殼姿態，有時候牠們會藉著咬一口，甚至可能真的在雄龜後腿上留下個愛的爪印來作為回應。逆來順受型的雌龜可能會試圖逃跑，但雄龜會立刻追上前去並且最終獲得攻頂的許可。雄龜將後腿插入雌龜的腹股溝（位於雌龜後腿前方的位置），雌龜接著在雄龜後腿上緊閉住自己的甲殼末端，雄性的三趾箱龜也會用前肢腳爪鉤住位於某些雌龜鱗片上的甲殼凹縫。雄龜和雌龜的交配過程可以持續數小時之久，在許多的箱龜品種中，雄龜的腹甲上都有

出走癖

田野調查顯示，
一些年輕的雄龜比起牠的同胞姐妹更愛離家出走，牠們會離開雌龜媽媽的活動範圍區，外出尋找交配對象，而大多數雌龜的一生都只在牠們產卵點鄰近的區域度過。

個凹槽區可以促使交配過程更加順利。

箱龜的交配是屬於體內受精，雄龜將粗壯的尾巴與雌龜的盤繞在一起，然後將雙方的泄殖腔貼合，雄龜使勁地上下擺動好讓陰莖正確定位將精子送入雌龜體內。雄龜在交配過程中會嘗試各種驚險動作，像是利用後腿力量從筆直的甲殼邊緣將整個背部扭轉過來。雄龜在交配完之後通常十分疲累，牠會選擇在此時躲起來，好讓用力過度的後腿得到充分休息。

飼養繁殖群

龜類不會互許終生從一而終，性別不同的箱龜通常要分開飼養，在攻擊性強的水棲類馬來箱龜和三線箱龜身上更是得到印證，分開飼養能讓雌龜安心地進食，並且在築巢產卵時不用害怕受到雄龜的騷擾。通常一年只需交配一次，或者甚至更少，雌龜能將精子儲存在輸卵管內整整長達四年，這項適應力可能來自於牠們獨居的天性，以及很難在野外遇見同伴的現實。

如果你非要將雄雌龜合養在一起，請使用一個內部裝有大量植物和躲藏地點的大型飼養環境，雌龜能利用這些設施躲避雄龜的注意力。相同品種的雄龜很少放在一起飼養，我很幸運地能將幾隻不同亞種的雄龜放在一塊兒飼養，很有可能是某些用作攻擊敵對雄龜的視覺暗示在每個品種身上都不相同。

另一個促使成功繁殖的重要條件是箱龜的健康，交配、產卵和築巢都需要大量的體力，繁殖也會加深箱龜的壓力。在決定嘗試繁殖

如果你同時飼養不同品種或亞種的箱龜，請將牠們分開飼養以避免雜交和變種的意外。圖為一隻雄性的三趾箱龜正在與一隻雌性的佛羅里達箱龜進行交配。

箱龜之前，需為牠們準備長達數年的充足營養供給和完善照料，經常在雌龜的畜欄裡放置墨魚骨，並且每週一次在食物裡添加鈣粉補充。箱龜有可能會因為難產而死亡，所以每個預防措施都不能掉以輕心，以保證牠們的健康和安全。

產卵窩

在野外，懷孕的（肚內有卵）雌龜通常會從五月到七月開始挖掘產卵窩，龜卵會藉由日光照射下孵化而出，並在無雙親照料下發育成龜苗。在人工飼養環境中，雌龜可能會因為找不到合適的築窩地點而無法順利產卵，因此在產卵前你需要為提供合適的產卵環境做好詳細計畫。如果箱龜們被飼養在原生地區域，或是生長氣候條件符合自身品種的地區，飼主可以將龜卵留在戶外自然孵化，許多人用此方式成功地讓箱龜產卵。雌龜可以在交配完之後的三週產下龜卵，如果各方面條件都十分理想的話，雌龜能產下數窩龜卵，每一窩的間隔時間約為三週左右。

雌龜在即將產卵的前幾天可能會開始不吃東西——即使面對牠最喜歡的食物也一樣，牠會在飼養環境內來回走動並且會試著挖幾個小洞。我們需要為飼養在室內的孕龜提供一個合適的產卵區，它可以是一個面積為 22×16 英吋（55×41 公分）大的塑膠盆，盆內舖放 6 至 8 英吋（15 至 20 公分）厚的濕潤砂質土和一盞高架加熱燈，它通常可以吸引雌龜在此築窩產卵。戶外生活的雌龜經常會在傍晚時分開始挖掘卵窩，雌龜首

驗孕

你可以藉由觸摸雌龜的下半身來檢查牠是否懷孕。讓雌龜背對你，輕輕地將雌龜的後腿從甲殼中拉出來，然後用一根或兩根手指伸進輸卵管位置（位於後腿正前方的一處柔軟區域），當你觸摸到那塊柔軟組織時，稍微地左右搖晃一下雌龜來探知裡面是否有龜卵存在。

先會挑選一處牠所喜歡的地方，如日照充足區、靠近岩石處或灌木叢下方。牠會將前腿用力地踩在地面上，然後，如果地上有雜草，就用後腿將雜草和其他破瓦殘礫清除乾淨。接下來牠改用兩個後腳爪將泥土撥開，開始挖出一個漏斗狀的坑洞，深度約為 3.5 至 4 英吋（8.9 至 10.2 公分），把每隻腳爪上耙滿的泥土都堆在坑洞口的旁邊，用腳趾將洞牆刮除乾淨製造一個平滑的壁面。如果挖坑時遇到岩石或是大塊樹根，雌龜會放棄眼前的坑洞，並在之後重新尋找一個新的坑洞，也許是隔天。雌龜對於自己的卵窩十分挑剔，牠們會竭盡全力地挖掘出一個夠深的坑洞，整個過程可能會超過四個小時，通常要天黑之後才能完成。

圖為室內飼養的箱龜將卵產在塑膠箱內，箱內底部鋪滿一層厚實的濕軟砂質土。

龜卵階段 當雌龜將卵窩打造完成之後，產卵過程即將展開。當泄殖腔擴張準備產下龜卵時，雌龜可能會縮頭用力擠壓並且發出嘶嘶聲，一旦龜卵順利產下，雌龜會用後腿，以迅速嫻熟的方式，將龜卵一個個小心翼翼地擺放好，接下來平均每隔幾分鐘就會產下一個龜卵。即便是特定的品種，龜卵的大小也各自不同，龜卵呈軟殼（有彈性）、橢圓形且顏色為半透白，剛產下時略帶些粉色光澤。馬來箱龜和中國三線箱龜的龜卵為脆殼，一窩卵的數量變化可以從一個到七個，視品種而定。

產卵完成後，雌龜首先會將原先堆積在洞口旁邊的乾草再增添些數量，然後牠會將泥土堆蓋在龜卵上頭，接下來進入坑洞，用一隻腳不

一台簡單自製的孵化機

為你家的龜卵製作一台孵化機是非常簡單的事，你只需要：

- 一台 10 加侖（38 公升）體積大的玻璃水族箱
- 一到五個小型塑膠容器（市售的起士盒或奶油盒，清潔和殺菌後使用）
- 一盞或多盞加熱燈
- 電子溫度計
- 泥炭蘚或粗蛭石

水族箱內填滿濕潤的泥炭蘚，這種墊材能在缸內製造出潮濕的環境。在靠近塑膠容器上蓋的位置戳幾個大洞作為排水孔，將容器內填滿濕潤的泥炭蘚或濕潤的粗蛭石。用力擠壓墊材內的水分；如果還留有水分，則表示太過潮濕，用紙巾吸乾多餘的水分。

將龜卵放置在凹陷處，把電子溫度計放在靠近龜卵的地方，並且將加熱燈架在離龜卵 10 英吋（25 公分）高的上方位置。調整好燈泡瓦數和高度，直到你可以在產卵期間將溫度控制在華氏 84 度（攝氏 29 度）。用鋁片將水族箱上方所有的開口全部覆蓋住以減少水氣蒸發，不要讓幫助孵化用的介質乾涸，如果有需要可以在孵化容器裡的介質中加點蒸餾水以維持一定濕度。

斷地搗土填塞，另一隻沾滿泥土的腳也加入繼續搗土，用這個方法在龜卵上方做出一個結實的頭罩。當徹底填補完之後，牠會用腳和腹甲做最後的搗土修整，牠甚至會將礫石和枯枝重新放回來，有效地讓建構好的卵窩看上去完全不著痕跡！

即使你決定採用人工孵化的方式，仍舊應該讓雌龜完成築窩、產卵和護卵的工作，這是雌龜特有的強烈本能，應該讓牠們完成這項工程。如果你決定將龜卵留在戶外，製作一個細鐵絲網籠將它放置在卵窩區釘樁固定，如果放置在戶外的卵窩沒有任何防護措施，浣熊、臭鼬，甚至是其他的雌龜都有可能把它挖出來，鐵絲網籠能夠讓每一隻龜苗著陸但卻不會逃走。依據窩內溫度，龜卵孵化破殼時間約為六十至九十天。發育遲緩的幼龜甚至可能會在窩內過冬，直到春天再出洞。

龜卵孵化

多數的飼養員會選擇在粗蛭石上孵化他們的箱龜，粗蛭石能在園藝商店裡買到。圖為正在孵化中的東部箱龜。

如果計畫要使用孵化機，請在雌龜產卵之前就先預備好一台，你可以購買市售孵化機或自行製作一台，市場上為家禽類與爬蟲類所使用的孵化機，已經成功地替許多愛好者孵化出蜥蜴、蛇和烏龜。

購買一台內建溫控器的孵化機，最好是那種微電腦脈衝溫控器，它是當溫度產生波動時，可藉由增加或減少電源來調節溫度的裝置。購買一台附有濕度測量的溫控器，在將龜卵放進孵化機之前請務必先調節好溫度，這項作業可能需要花上數天，所以請在龜卵到來之前做好事前準備，許多孵化機為因應家禽類卵的孵化需求，都會將機種事先設定為較高的溫度。

孵化介質 孵化龜卵的最佳介質就是粗蛭石，雖然許多飼主已經使用長纖維泥炭蘚締造出成功案例，兩者皆能提供良好的濕潤成分和保水性，這兩種物質都需要經過沖洗和過濾。將濕潤的介質放在至少 3.5 英吋（8.9 公分）深的小型塑膠容器內，倒入等同介質一半體積量的蒸餾水，在塑膠容器的 3/4 位置戳兩個洞，如此一來在龜卵孵化之前可將多餘水分排乾。龜卵需要待在濕潤的介質環境中，但是絕對不能浸泡在水裡，用姆指在介質層輕壓出一個凹陷，然後將龜卵放入凹洞中，如果凹陷處浸滿水，那表示容器內水分過多。在孵化機內多放一個裝水的容器來增強濕度，環境濕度接近百分之八十五至九十最為理想。

將龜卵移至孵化機內時請勿翻轉或碰撞龜卵，安放龜卵時請採取和卵窩中所見到的位置相同。拿軟鉛筆在龜卵的頂端標上記號，龜卵

時間與溫度

最近的研究（H・凱爾，未公開數據）使用馬來箱龜的龜卵去觀察溫度的變化是如何影響孵化時間。一種實證關係的建立顯示，當溫度愈高所需的孵化時間愈少。當孵化溫度接近華氏 75 度（攝氏 24 度）時，龜卵大約經過一百天之後孵化完成，而當溫度接近華氏 86 度（攝氏 30 度）時只需六十天即孵化完成。

裡的胚胎發育會朝著特定方向，因此轉動龜卵可能會造成災難性的後果。不要用介質將龜卵完全覆蓋——可以讓卵殼一半顯露在外。蛋殼在經過一段時間後會呈現乳白色，某些亞洲品種在蛋殼外圍會出現明顯的白環，這種現象稱作「banding」；它是象徵這顆蛋為受精卵並持續發育為胚胎。當水氣蒸發降到最低時，在容器的上層舖蓋一層鬆軟介質好讓新鮮空氣流通，定期添加蒸餾水以維持介質的濕潤。絕對不要將水直接灑在龜卵上。

孵化溫度

箱龜沒有性染色體，箱龜的性別是由孵化溫度來決定，而不是依據父母雙方染色體的特定組合，這個過程被歸類為 TSD（溫度決定性別）。對箱龜來說，性別或許在孵化過程中的某個特別關鍵時刻就被決定好，這個溫度敏感期很可能在每個品種身上都不一樣。孵化溫度從低至室內溫度到高約華氏 88 度（攝氏 31 度）都能成功孵化出箱龜，低溫範圍多數孵化出雄龜，較高溫則容易產出雌龜。一般來說，理想溫度是處於華氏 84 度（攝氏 29 度），在這個溫度下通常可以產下雌雄相等數量的龜苗，平均值上或許雌性會稍多一些。

卵的發育 你可以在人工孵化開始後的兩星期，借助使用一種叫做「照光檢查（Candling）」法的方式確認卵的發育狀態。將手洗乾淨，輕輕地從孵化機中取出龜蛋，然後在不搖晃和翻轉蛋的情況下，在暗室使用背光（手電筒）照射檢查，把手電筒照在龜卵後方然後觀察內部，你會從卵內的箱龜胚胎，看見在蛋黃四周有許多血管分布，並且上方可能有一塊顏色特別深，如果什麼都沒發現也不用太難過，小心地將蛋放回孵化機內，過幾星期之後可以再檢查一次。

孵化中的蛋會歷經好幾個變化，牠會出現膨脹和不同顏色的轉換，某些龜卵會顯示出一部分的綠色、紫色或棕色，這些顏色來自於發育中的胚胎所排放出的副產物，非受精卵會硬化且萎縮，看上去呈黃色。某些受精卵會停止發育成胚胎，這種情況也相當常見，也有一些會因為營養不良導致發育不全，牠們不是因為太熱就是因為太冷，龜卵也有可能遭黴菌感染或是被昆蟲和寄生蟲吃掉。

龜苗

長著一雙大眼、小短腿和小腳爪的龜苗是種非常可愛的生物，如

圖為一個孵化箱龜專用的室內環境箱範例。要注意數位溫度計和光照時間的設定。

果一切順利，龜卵會在六十天至九十天內「破殼而出」，也有可能更久，要視孵化的溫度和技術而定。新生龜會在龜喙的尖端生出一個卵齒；它是用在被稱作「破殼而出」的過程中戳破蛋殼的工具。剛開始出殼可能會先冒出一隻前腿或一顆頭，看上去似乎相當痛苦，但其實只是在大口吸氣和掙脫蛋殼，通常牠們很快就能完全出來。某些龜苗會在殼內待上幾天，牠們可能還會留有一個大卵黃囊連在腹甲上，卵黃囊破裂有可能導致死亡——請記住讓龜苗自行破蛋而出，絕對不要出手相助！一旦卵黃囊自行被體內吸收，它可以為龜苗額外提供二至四個星期的營養。

先天異常的龜苗並不少見，牠們可能會有畸形殼、多餘的鱗片或腳趾，或是單鼻孔。其他像是白化症、無眼頭或雙胞胎都曾經被報導過。雌龜本身的條件在影響龜苗的健康上面可能佔有一部分原因，年紀較大的雌龜比較容易產下個頭大的幼龜，龜苗的甲殼長度（直線測量法）約為 1.5 至 2 英吋（3.8 至 5.1 公分）。

育苗環境

箱龜幼苗有著柔軟輕細的甲殼，在烈日或加熱燈照射下很快就會脫水，牠們的甲殼只能提供些微的保護，因此牠們多數時間傾向躲藏起來並且尋找掩蔽（在野外幾乎見不到龜苗）。如果牠們在戶外孵化出來，將龜苗們帶進室內，這樣你就更容易使牠們處在潮濕和溫暖的環境，並且監控牠們的成長，幾年之後（約長成 3 英吋（7.6 公分）長），牠們就可以永久被放置到戶外環境飼養。

做好不讓幼龜受傷或生病的預防措施就是最好的良藥，許多的健康

救救那顆蛋！

你可以拯救一顆發霉蛋，用濕紙巾將蛋上的黴菌擦拭掉，輕輕地將蛋捧在手裡，但絕不要轉動龜蛋，將蛋重新放回孵化機內的容器裡，容器內的濕潤底材請全部換新。

不同品種每一窩的龜卵數量

品種的不同也會影響到龜卵的大小和卵窩的數量，甚至就算是相同品種，雌龜彼此之間也可能會有所差異，一般來說，身型大且健康的雌龜會比較多產。北美箱龜的龜卵在直線測量下約為 1 至 1.7 英吋（2.5 至 4.2 公分），亞洲箱龜的龜卵則稍大一些，約為 1.6 至 2 英吋（4 至 5 公分）。

品種	一窩的龜卵數量	一年的龜卵窩數量
卡羅萊納箱龜	1 至 7 個	1 至 4 窩
錦箱龜	1 至 5 個	1 至 2 窩
馬來箱龜	1 至 3 個	1 至 4 窩
黃緣箱龜	1 至 3 個	1 至 3 窩

問題都來自於糟糕的管理。保持環境清潔和提供充足的溫濕度和光照，脫水、營養不良、寄生蟲，甚至是輕率的照料，都可能是造成龜苗早夭的原因。要注意龜苗有可能會四腳朝天或是卡在環境內的擺設之間，要是置於加熱燈下則有可能過熱灼傷。如果將幼龜和成龜放在一起，有可能會因水盆過大而溺斃，又或者如果放在戶外，則有可能遭到螞蟻或花栗鼠攻擊。

飼主可以使用一種或兩種飼養環境來提高龜苗的存活，濕潤水族箱或水生苗圃缸，不論哪一種都適合養育龜苗，可依飼主喜好選擇使用。

濕潤育苗環境 濕潤育苗環境的設置是使用 10 加侖（38 公升）大的水族箱，適合放置三至四隻龜苗，如果還有更多的龜苗就請準備第二個水族箱，小型水族箱比較容易保暖和保濕。在箱內底部鋪設一層 2 英吋（5.1 公分）厚且沖洗乾淨的扁柏樹皮或椰殼纖維，箱內一端鋪蓋 3 至 4 英吋（7.6 至 10.2 公分）深的潮濕泥炭蘚，另一邊則放置一個裝水的淺盤，並將它嵌進與底材同高的位置方便進出，在泥炭蘚的上方放

此為不同品種箱龜龜苗的陳列圖，從左上順時針方向依序為：錦箱龜、墨西哥箱龜、中國三線箱龜和黃緣箱龜。

置一個小型躲藏箱。如果龜苗不主動去泡水，每天將牠們放進水盆一次，經常替樹皮和泥炭蘚等墊材噴水。在有泥炭蘚的那區裝設加熱燈讓溫度保持在華氏 75 度（攝氏 24 度），並且準備全光譜燈（UVA 和 UVB），最冷時溫度也不能低於華氏 70 度（攝氏 21 度）。

水生苗圃 水生苗圃缸內的最低水量標準為 1.5 英吋（3.8 公分）深，這是為了確保龜苗絕不會乾癟（乾燥會讓甲殼變形）。在缸內一端的底部裝設 2 英吋（5 公分）厚的木釘或木板，用來墊高缸的一端，然後在缸內墊高區只鋪上濕潤的泥炭蘚，做出厚實的底材。根據龜苗的數量，每隔幾天就必須進行換水，將龜苗放在各自的容器內餵食，以保持水源和底材的乾淨，好鬥性強的龜苗有可能會在餵食的時候咬傷其他龜苗，因此請分開餵食。

半水棲馬來箱龜和水棲中國三線箱龜的龜苗應該要放置在水生苗圃缸內飼養，只不過，缸內水量要升高至約 2 英吋（5 公分）深。請在泥炭蘚上面放置一塊平坦的岩石讓龜苗在泡澡時使用，位於上方的燈管熱度不要太高，將泡澡溫度維持在華氏 82 度（攝氏 28 度）。當龜苗長大一些，就可以將木釘移走並逐步升高缸內水位，直到牠們準備好進入成年龜適用的水族箱（約三歲大時）。

龜苗健康警報！

你的龜苗是不是從背甲的邊緣開始向內捲曲？你有沒有注意到甲殼的周邊變厚？你是否有發現隆起的背甲鱗片？這些都是在幼龜甲殼上很常見的畸形症狀。形成的原因來自環境的不良濕度和飲食中攝取過量的蛋白質。因此重要的就是檢查你的飼養環境和飲食清單，以避免這些和其他畸形甲殼的發生。

戶外龜苗畜欄 野生龜苗享受不到飼主的細心照料，許多的龜苗遭掠食者殺害然後吃下肚，殘存的可能挨餓、脫水，或者在寒冬中消逝。但是戶外才是箱龜真正的家園，大自然的光照和運動鍛練的優點有目共睹，在夏季為龜苗準備一個安全的戶外畜欄，讓牠們能進行短時間的戶外活動會對牠們有很大的幫助。打造一個木製柵欄，並在其四周、頂端和底部加上細鐵絲網——請務必做個大門！將它放置在日照充足的地點，用寬木板取代布料做出一個局部的遮陽棚。畜欄絕對不能處於無人看管的狀態，請勿使用玻璃缸或深色容器作為臨時的戶外畜欄，因為它們會在日照下急速升溫。

龜苗飲食

龜苗在體內卵黃消耗殆盡之前不會感到饑餓，過幾個星期之後，可以拿出剁碎的蚯蚓，或是像小蟋蟀、蠟蟲、剛蛻皮的麵包蟲或血蟲之類的活體昆蟲來誘使龜苗進食，等足目（鼠婦）是龜苗能夠一下子就接受的陸生甲殼類蟲子。上述食物對亞洲龜苗來說也同樣適用，水棲類龜苗則可以試試蒸煮魚片或龜糧，要避免使用野生蝸牛和蛞蝓，牠們可能會是某些內寄生蟲的中間寄主。

當幼龜開始表現出旺盛的食慾後，你可以在飲食中加入小口量的蒸煮冬瓜、地瓜、其他蔬果和什錦綠色蔬菜，這些食物也許一開始對牠們產生不了吸引力，但是新奇的色香味食材會幫助牠們日後不那麼挑食。重要的是將這些健康食物隨時為想吃的幼龜們準備好，我的幼龜（三趾箱龜和錦箱龜）在孵化後的四到六個月開始吃起蔬菜水果。

所有食材都應該剁碎成適合幼龜入口的大小，一個月大的龜苗吞不下一整顆葡萄或是一隻加拿大蚯蚓，當一隻幼龜張口咬進大蚯蚓的硬皮，可能會造成像巨蟒將一隻水豚裹住之後壓碎的下場。幼龜咬得動大麥蟲和蟋蟀，但是在餵食之前要先將牠們兩個的口器先擰掉，如果幼龜不肯吃蔬菜，試著將大麥蟲和蟋蟀泡在罐裝的嬰兒食品裡面，可以選擇使用胡蘿蔔、地瓜或青豆口味的嬰兒食品。

歸鄉

許多飼主希望有一天能讓他們的箱龜回歸（釋放）到自己的棲息地。亞洲箱龜未來或許只能仰賴人工繁殖存活，如果有意願參與繁殖哺育，飼主就要保存詳細生長紀錄和血統證明書。然而，大多數的飼主不太可能主動提供自己的箱龜給保育計畫組織，但是我們可以在其他方面盡一份心力。當地教育和保育計畫宣傳需要我們的支持，就拿喬治·派頓和瑪莎·安·麥辛吉的案例來說，在 1990 年代，他們倆率先出來阻止印第安納州大量的箱龜寵物貿易，基於這些努力，印第安納州政府立法通過當地野生箱龜保護法，這個活生生的例子證明了個人的力量也能改變這個世界！

參考出處

Alderton, D. 1988. *Turtles & Tortoises of the World*. Facts on File, Inc. 191 pp.

Barnett, S. L. and B. R. Whitaker. 2004. Indoor care of North American box turtles. *Exotic DVM Veterinary Magazine*. 6.1: 23-29.

Buskirk, J. May 1993. Yucatan box turtle, *Terrapene carolina yucatana*. *Tortuga Gazette*. 29 (5): 10-12.

——. 2002. The mysterious Mexican spotted box turtle, *Terrapene nelsoni* Stejneger, 1925. *RADIATA, Journal of German Chelonia Group*. 11 (1): 3-11.

Connor, M. J. and V. Wheeler. 1998. The Chinese box turtle, *Cistoclemmys flavomarginata* Gray 1863. *Tortuga Gazette*. 34 (10): 1-7.

Dodd, C. K. 2001. *North American Box Turtles: A Natural History*. University of Oklahoma Press. 231 pp.

Donoghue, S. and S. McKeown. 1999. Nutrition of captive reptiles. *Veterinary Clinics: Exotic Animal Practice*. 2.1: 69-91.

Ernst, C.H. and R.W. Barbour. 1989. *Turtles of the World*. Smithsonian Institution Press, Washington D.C. 313 pp.

Pfau, B. and J. Buskirk. 2006, Overview of the genus *Terrapene*, Merrem, 1820. *RADIATA, Journal of German Chelonia Group*. 15 (4): 3-31.

Highfield, A. C. 1996. *Practical Encyclopedia of Keeping and Breeding Tortoises and Freshwater Turtles*. Carapace Press, London, England. 295 pp.

Innis, C. 2001. Medical issues affecting the rehabilitation of Asian chelonians. *Turtle and Tortoise Newsletter*. 4: 14-16.

Klerks, M. 2005. Irrungen und Wirrungen bei der Identifizierung der Wısten-DosenschildkrŒte Terrapene ornata luteola Smith & Ramsey, 1952. *SchildkrŒten in Fokus*, Bergheim. 2 (1): 3-12.

Klingenberg, R. J. 1993. *Understanding Reptile Parasites, the Herpetocultural Library Special Edition*. Advanced Vivarium Systems Publishers, Lakeside, Ca. 81 pp.

Legler, J. M. 1960. Natural history of the ornate box turtle, *Terrapene ornata ornata* Agassiz. *University of Kansas Publications, Museum of Natural History*. 11 (10): 527-669.

Lindgren, J. 2004. UV-lamps for terrariums: Their spectral characteristics and efficiency in promoting vitamin D3 synthesis by UVB irradiation. *Herpetomania*. 13(3-4): 13-20.

McArthur, S. 1996. *Veterinary Management of Tortoises and Turtles*. Blackwell Science Ltd, Oxford. 170 pp.

Messinger, M. A. and G. M. Patton. 1995. Five year study of nesting of captive *Terrapene carolina triunguis*. *Herpetological Review*. 26 (4): 193-195

Minx, P. 1996. Phylogenetic relationships among the box turtles, genus *Terrapene*. *Herpetologica*. 52 (4): 584-597.

Schwartz, E. R., C. W. Schwartz, and A. R. Kiester. 1984. The three-toed box turtle in Central Missouri, part II: a nineteen-year study of home range, movements and population. *Missouri Department of Conservation, Terrestrial Series, No.12*. 29 pp.

Senneke, D. and C. Tabaka, DVM. 2004. The Malayan box turtle (*Cuora amboinensis*). World Chelonian Trust Website.

Wiesner, C. S. and C. Iben. 2003. Influence of environmental humidity and dietary protein on pyramidal growth of carapaces in African spurred tortoises (*Geochelone sulcata*). *Journal of Animal Physiology and Animal Nutrition*. 87 (1-2): 66-74.

Wyneken, J. and D. Witherington. Chelonian anatomy poster. Zoological Education Network.

照片來源

6958509845 (courtesy of Shutterstock): 34
Randall D. Babb: 19 (center)
Joan Balzarini: 36, 45, 74
Colin & Sandy Barnett: 11, 48, 60, 71
R. D. Bartlett: 16, 17 (bottom), 95, 109, 130 (top left, top right, bottom right)
Suzanne L Collins: 8, 13, 104, and back cover
Tess Cook: 7, 42, 98, 113, 119
David Davis (courtesy of Shutterstock): 3, 10
Jimmy Dunlap: 81
Raymond Farrell: 130 (bottom left)
Paul Freed: 106
James E. Gerholdt: 58
Michael Gilroy: 21, 103
George Grall: 52
Dr. Joseph E. Heinen: 123
Mary Hopson: 55
Dr. Heather Kalb: 127
Wayne Labenda: 115, 117
Jerry R. Loll: 121
Peter J. Mayne: 17 (top)
Sean McKeown: 15 (bottom), 77
Stephanie Moore: 111
Paula Morris (from Wyneken, J. and D. Witherington): 25
Ian Murray: 19 (bottom), 62
Kenneth T. Nemuras: 1, 21 (top)
Aaron Norman: 20, 86
Mella Panzella: 67, 72, and cover
M. P. & C. Piednoir: 22 (top)
Dr. Peter Pritchard: 79
Annabel Ross: 80
Mark Smith: 28
Michael Smoker: 22 (bottom)
Tim Spuckler: 47
Karl H. Switak: 4, 14, 15 (top), 19 (top), 30, 35, 38, 93
Dr. Chris Tabaka: 51, 82, 84, 91, 100, 101
Brian Wallace: 90
All others from T.F.H. Archives

國家圖書館出版品預行編目資料

箱龜：北美箱龜與亞洲箱龜的完全照護指南！/ 苔絲．庫克（Tess Cook）著；李亞男譯. -- 初版. -- 臺中市：晨星, 2019.09
面； 公分. --（寵物館；84）

譯自 : Complete herp care box turtles

ISBN 978-986-443-885-3（平裝）

1. 龜 2. 寵物飼養

437.394 108007334

掃瞄 QRcode，
填寫線上回函！

寵物館 84

箱龜：

北美箱龜與亞洲箱龜的完全照護指南！

作者	苔絲．庫克（Tess Cook）
譯者	李亞男
編輯	邱韻臻、林珮祺
美術設計	陳柔含
封面設計	言忍巾貞工作室
創辦人	陳銘民
發行所	晨星出版有限公司 407 台中市西屯區工業 30 路 1 號 1 樓 TEL：04-23595820 FAX：04-23550581 行政院新聞局局版台業字第 2500 號
法律顧問	陳思成律師
初版	西元 2019 年 9 月 15 日
初版二刷	西元 2021 年 9 月 10 日
讀者服務專線	TEL：02-23672044 / 04-23595819#230 FAX：02-23635741 / 04-23595493 E-mail：service@morningstar.com.tw
網路書店	http：//www.morningstar.com.tw
郵政劃撥	15060393（知己圖書股份有限公司）
印刷	上好印刷股份有限公司

定價380元

ISBN 978-986-443-885-3

Complete Herp Care Box Turtles
Published by TFH Publications, Inc.

可愛逗趣的箱龜憑藉著鮮豔的色彩和溫馴的行為，數十年來一直深受歡迎。
照顧箱龜並不困難，但方法必須正確。本書提供完整的照顧指南，幫助你如何飼養有趣且迷人的箱龜，內容涵蓋北美箱龜和亞洲箱龜。搶眼的說明欄和圖文說明讓飼主能掌握飼養重點，本書能幫助你把箱龜照顧得健康長壽。

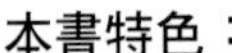
本書特色：

★自然史資訊
★說明如何打造理想的棲息環境包括戶外環境設置
★繁殖和冬眠的詳細解說
★最新保健資訊
★完整的亞洲箱龜和北美箱龜的飼養照護資訊

http://www.morningstar.com.tw

晨星出版　定價 380 元

ISBN 978-986-443-885-3

晨星事業群
Morning Star Group